计算机主板维修不是事儿

（第2版）

迅维职业技能培训学校　赵中秋　徐海钊　丰晓强　编著

电子工业出版社·

Publishing House of Electronics Industry

北京·BEIJING

内 容 简 介

本书是计算机主板芯片级维修的技术指导参考书，从电路基础、电路工作原理到维修思路均有详细的讲解，并配有大量简单易懂的电路图。第 1 章介绍计算机主板维修基础知识，包括电子元器件基础、主板名词解释、电路图和点位图的使用，以及主板维修工具的使用；第 2 章介绍主板的工作原理；第 3 章介绍主板开机电路的工作原理及故障维修；第 4 介绍内存供电电路的工作原理及故障维修；第 5 章介绍桥供电和 CPU 外围供电电路的工作原理及故障维修；第 6 章介绍 CPU 核心供电和集显供电电路的工作原理及故障维修；第 7 章介绍时钟、PG 和复位电路的工作原理；第 8 章介绍接口电路的工作原理及故障维修；第 9 章介绍主板常见故障的维修方法；第 10 章整理了 11 个维修案例。

本书既适合具有简单电子电路基础的人员和计算机维修人员阅读，又适合有计算机主板维修经验的人员阅读。

未经许可，不得以任何方式复制或抄袭本书之部分或全部内容。

版权所有，侵权必究。

图书在版编目（CIP）数据

计算机主板维修不是事儿 / 赵中秋，徐海钊，丰晓强编著. —2 版. —北京：电子工业出版社，2021.7
（迅维讲义大揭秘）
ISBN 978-7-121-41377-3

Ⅰ．①计…　Ⅱ．①赵…　②徐…　③丰…　Ⅲ．①计算机主板-维修　Ⅳ．①TP332.07

中国版本图书馆 CIP 数据核字（2021）第 113417 号

责任编辑：刘海艳
印　　刷：北京天宇星印刷厂
装　　订：北京天宇星印刷厂
出版发行：电子工业出版社
　　　　　北京市海淀区万寿路 173 信箱　邮编　100036
开　　本：787×1092　1/16　印张：15.25　字数：390.4 千字
版　　次：2015 年 1 月第 1 版
　　　　　2021 年 7 月第 2 版
印　　次：2021 年 8 月第 2 次印刷
定　　价：89.00 元

凡所购买电子工业出版社图书有缺损问题，请向购买书店调换。若书店售缺，请与本社发行部联系，联系及邮购电话：（010）88254888，88258888。

质量投诉请发邮件至 zlts@phei.com.cn，盗版侵权举报请发邮件至 dbqq@phei.com.cn。

本书咨询联系方式：lhy@phei.com.cn。

编　委　会

主任委员：赵中秋

副主任委员：孙景轩　杨　斌

委　　　员：徐海钊　苏友新　张树飞　李盛林　刘小南

前　　言

现在已经是 21 世纪 20 年代了，无论科技怎么高速发展，短时间内人们还是离不开计算机的。手机虽方便但不适合真正的办公，笔记本电脑轻巧但性能远远不如台式计算机。由于台式计算机的使用环境、使用时间不同，因此容易出现各种各样的故障。比如夏季，在雷雨天气，台式计算机大多使用有线网络，特别容易遭受雷击。又比如春节，台式办公计算机基本都是处于关机状态，由于受潮，因此春节后出现无法开机的情况非常普遍。

由于手机越来越普及，各厂家更新速度越来越快，很多计算机维修从业人员都转向了手机维修，导致计算机维修行业竞争变小，很多地区都找不到专门修计算机主板故障的门店。主板故障千奇百怪，没有维修经验，操作时就会一头雾水。想要提高修复率，维修人员就必须掌握主板电路时序和原理，才能更加得心应手。目前，市场上除了本书的第 1 版以外，很难找到对台式计算机主板电路时序进行分析的书。随着时代的发展，第 1 版的内容已陈旧了，鉴于此，编写了第 2 版，以此填充市场空缺，帮助从业人员更新维修技术。

本书是计算机主板芯片级维修的技术指导参考书。结构合理、层次清晰，从维修基础知识开始，着重讲解计算机主板的工作流程和电路时序，可以使读者学会自己分析，举一反三，达到授人以渔的目的。

本书共 10 章：第 1 章介绍计算机主板维修基础知识，包括电子元器件基础、主板名词解释、电路图和点位图的使用，以及主板维修工具的使用；第 2 章介绍主板的工作原理；第 3 章介绍主板开机电路的工作原理及故障维修；第 4 介绍内存供电电路的工作原理及故障维修；第 5 章介绍桥供电和 CPU 外围供电电路的工作原理及故障维修；第 6 章介绍 CPU 核心供电和集显供电电路的工作原理及故障维修；第 7 章介绍时钟、PG 和复位电路的工作原理；第 8 章介绍接口电路的工作原理及故障维修；第 9 章介绍主板常见故障的维修方法；第 10 章整理了 11 个维修案例。

本书既适合具有简单电子电路基础的人员和计算机维修人员阅读，又适合有计算机主板维修经验的人员阅读。为维修方便，本书对元器件图形符号及文字符号未做标准化处理，请读者谅解。

本书主要由赵中秋编写，参加编写的还有徐海钊、丰晓强。由于编者水平有限，书中难免有错漏之处，欢迎读者提出宝贵意见。

编著者

目　　录

第1章
计算机主板维修基础知识

1.1　认识计算机主板

　　主板（见图 1-1）英文名为 Mother Board，又名主机板、母板。主板是将 CPU、内存、硬盘等输入/输出设备连接起来的纽带。主板是计算机硬件设备管理的核心载体，所有部件和外设都通过它连接在一起进行通信，中央处理器发出操作指令后，各个部件执行相应的操作。

图 1-1　主板

　　主板为 CPU、内存、各种扩充设备提供插槽，为硬盘、光驱、打印机、键盘、鼠标、数码产品等提供接口。计算机正常工作时，主板负责控制 CPU、内存、硬盘等设备工作和处理数据。计算机运行的速度和稳定性在相当程度上取决于主板的性能，如果主板上某些设备损坏，就会导致计算机工作不稳定，严重时还会导致计算机不能正常开机。由此可见，主板维修是计算机维修中一项重要的工作。

▷▷▷ 1.1.1 主板型号介绍

一名合格的计算机维修人员，对主板厂家、主板型号、主板常见故障都要很熟悉。目前市场上主流主板以一线厂商的华硕、技嘉、微星为主，二线厂商的有华擎、精英、映泰、七彩虹等。各厂商都采用 Intel 和 AMD 芯片组开发生产主板，并以自己的方式对主板进行命名。以下是部分厂商主板型号介绍。

1. 华硕（ASUS）主板

华硕主板在表面印有 ASUS 字样，型号使用字母和数字的组合。图 1-2 所示型号为 Z170-K，版本为 1.03。

图 1-2　华硕主板型号

2. 技嘉（GIGABYTE）主板

技嘉主板在表面印有 GIGABYTE 字样，型号以技嘉英文缩写 GA 开头，外加芯片组型号和版本（见图 1-3）。

图 1-3　技嘉主板型号

3. 微星（MSI）主板

微星主板在表面或散热片上印有 MSI 字样，通常 PCB 上也印有 N1996 以及内部型号 MS-****字样。如图 1-4（a）所示，主板销售型号为 ZH77A-G43，内部型号为 MS-7758，版本为 1.0。微星主板的内部型号一般还会印在 PS/2 接口旁边（见图 1-4（b））。

4. 华擎主板

华擎主板表面印有 ASRock 字样，如图 1-5 所示，主板型号为 H87 PERFORMANCE。

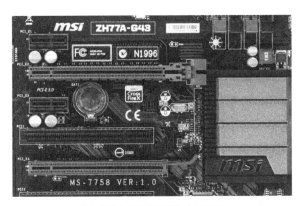
（a）微星主板销售型号和内部型号

（b）微星主板内部型号

图 1-4　微星主板型号

图 1-5　华擎主板型号

5．其他厂家主板

其他厂家主板基本都是以芯片组名称来命名主板型号的，如图 1-6～图 1-9 所示。

图 1-6　精英主板型号

图 1-7　七彩虹主板型号

图 1-8　昂达主板型号

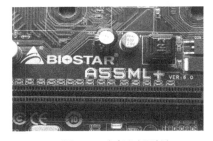

图 1-9　映泰主板型号

▷▷▷ 1.1.2　主板上的插槽和接口

主板上的主要插槽和接口如图 1-10 所示。

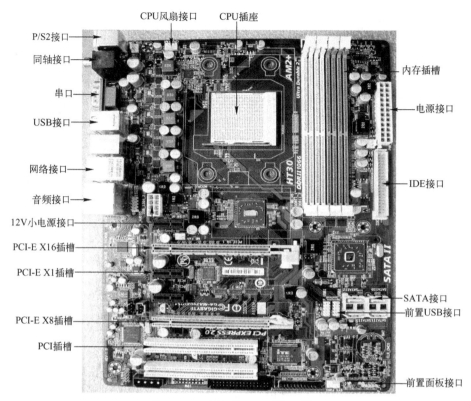

CPU风扇接口　CPU插座

P/S2接口
同轴接口
串口
USB接口
网络接口
音频接口
12V小电源接口
PCI-E X16插槽
PCI-E X1插槽
PCI-E X8插槽
PCI插槽

内存插槽
电源接口
IDE接口
SATA接口
前置USB接口
前置面板接口

图1-10　主板上的主要插槽和接口

1．CPU 插座

CPU 插座是主板上最大的接口，位于主板的上端。上面布满触脚或针孔，每一种 CPU 对应一种插座。Intel 的 CPU 使用触脚式插座，AMD 的 CPU 使用针孔式插座。目前主流的 CPU 插座有 Intel 公司的 1155 插座（见图 1-11）、1150 插座（见图 1-12）、1151 插座（见图 1-13）、1366 插座、2011 插座和 AMD 公司的 AM2 插座、AM3 插座（见图 1-14）、AM4 插座（见图 1-15）、FM1 插座（见图 1-16）、FM2 插座。

图 1-11　Intel 1155 插座

图 1-12　Intel 1150 插座

图 1-13　Intel 1151 插座

图 1-14　AMD AM3 插座

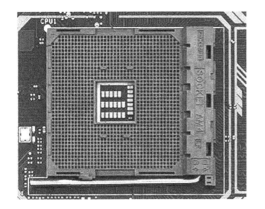

图 1-15　AMD AM4 插座

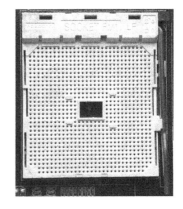

图 1-16　AMD FM1 插座

2．内存插槽

内存插槽是用来安装内存条的。目前主流内存有 DDR3 内存和 DDR4 内存。不同内存的针脚、工作电压、时钟频率都不相同。例如，Intel H61 主板使用 DDR3 内存，Intel Z270 主板使用 DDR4 内存。可通过看内存插槽（见图 1-17）防呆口上所标的电压值区分内存插槽。如果标 1.5V，为 DDR3 内存；标 1.2V，为 DDR4 内存。一般主板都配有 2 个或 4 个内存插槽，并且为双通道。

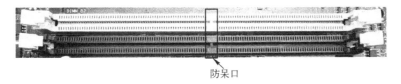

防呆口

图 1-17　内存插槽

3．PCI-E 插槽

PCI-E 插槽是 PCI-E 总线上的一个接口，又分为 PCI-E X16、PCI-E X8、PCI-E X1 等几种规格。外观上，X16 插槽比较长，X1 插槽很短，也可以通过目测插槽旁边电容数量进行区分，16 组电容表示为 X16，1 组电容表示为 X1。常用的独立显卡安装在 PCI-E X16 插槽（见图 1-18）上，视频采集卡安装在 PCI-E X1 插槽（见图 1-19）上。

图 1-18　PCI-E X16 插槽　　　　　　　　　　图 1-19　PCI-E X1 插槽

4．PCI 插槽

PCI 是外设部件互连总线。PCI 插槽是位于主板下方的白色插槽（见图 1-20），常用于安装诊断卡、独立声卡、独立网卡、视频监控卡等。部分新型主板已不再支持 PCI 插槽。

5．SATA 接口

SATA 接口（见图 1-21）是现在主流的硬盘接口，用于连接串口硬盘、光驱。主板一般配 4～8 个 SATA 接口。SATA 2.0、SATA3.0 接口的传输速度分别能达到 3Gb/s、6Gb/s，比 IDE 接口的传输速度更快。部分主板同时配 SATA 2.0 和 SATA 3.0 接口。

图 1-20　PCI 插槽　　　　　　　　　　图 1-21　SATA 接口

6．电源接口

主板电源接口分主供电接口和小 12V 接口。主供电接口是常说的 20/24 针接口（见图 1-22），+12V、+5V、+3.3V、−12V、5VSB、电源好信号、PSON 开机信号是主板供电的主要来源。小 12V 接口也称小 4P 接口（见图 1-23），是 CPU 供电独立 12V 供电接口。

图 1-22　ATX 24 针接口　　　　　　　　　图 1-23　小 12V 接口

7．风扇接口

主板工作时 CPU、桥芯片会产生热量。为防止芯片损坏，要对发热量大的芯片加散热风扇进行散热。CPU 风扇接口（见图 1-24，用 CPU_FAN 表示）用于连接 CPU 散热风扇。系统风扇接口（见图 1-25，用 SYS_FAN1 表示）用于连接除 CPU 风扇之外的散热风扇。Intel、DELL 品牌机的主板只有一个系统风扇，不接风扇在开机时会报错，普通主板不接 CPU 风扇也会报错，并提示 F1 通知用户进行安装。

图 1-24　CPU 风扇接口

图 1-25　系统风扇接口

8. P/S2 接口

P/S2 接口（见图 1-26）主要连接通常所讲的键盘、鼠标。绿色为鼠标接口，蓝色为键盘接口。部分主板已使用二合一接口（见图 1-27），只可使用一个 P/S2 接口设备，另一个必须使用 USB 接口。有些新型主板已经不配 P/S2 接口，全部使用 USB 接口。

图 1-26　P/S2 接口

图 1-27　P/S2 二合一接口

9. 视频输出接口

视频输出接口用于传输视频信号到显示设备，如显示器、电视、投影仪等。主板上常见视频输出接口有 VGA 模拟接口、DVI 数字接口、HDMI 高清多媒体接口，有的主板还配有 DP 接口。DVI 接口输出的是数字信号。现在大部分显示器都配 VGA 模拟接口，所以 DVI 接口使用率比 VGA 模拟接口低。

HDMI 接口又称高清接口，传输信号包括视频和音频数据，在现在主板上已慢慢普及。

DP 接口全称 DisplayPort，是一种高清数字显示接口，可以连接计算机和显示器。DP 接口的带宽等各项技术参数全面超越 HDMI 接口，目前只有少量主板采用。多个视频输出接口如图 1-28 所示。

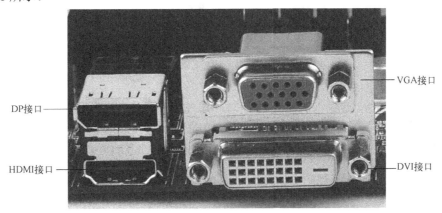

图 1-28　多个视频输出接口

10．USB 接口

现在的主板，USB 接口有 2.0 和 3.0 两种版本。一般黑色的为 2.0 接口，蓝色的为 3.0 接口，如图 1-29 所示。

图 1-29　USB 2.0 和 USB 3.0 接口

USB 接口用于连接数码产品设备，如移动硬盘、手机、无线鼠标、无线键盘等，是主板所有接口中使用频率最高的。USB 接口又分前置 USB 接口和后置 USB 接口。前置 USB 接口通过连接线与主板前置 USB 排针相连（见图 1-30）。后置 USB 接口（见图 1-31）固定焊接在主板上。

11．网络接口

网络接口（见图 1-32）又称网线接口。主机通过网络接口和网线连接到网络。接口上有绿灯和黄灯，插上网线时绿灯会发亮，有数据传输时黄灯会闪。

图 1-30　前置 USB 排针　　　图 1-31　后置 USB 接口　　　图 1-32　网络接口

12．音频接口

音频接口是一种支持输入和输出的接口。通过音频接口可将音频信号输出到功放、从麦克风输入信号等。3 孔的音频接口包括音频输出接口、音频输入接口、麦克风输入接口（见图 1-33）。有的主板支持 5.1 或者 8.1 声道，使用 6 个孔的多声道音频接口（见图 1-34）。

13．前置面板排针

前置面板排针（见图 1-35）是连接机箱前面控制部分连接线的插针。排针中包括电源开关（用 PS、PW、SW、PSON 表示）、复位开关（用 RST 表示）、电源指示灯（用 PW_LED 表示）和硬盘指示灯（用 HDD_LED 表示）。

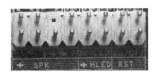

图 1-33　3 孔的音频接口　　　　图 1-34　多声道音频接口　　　　图 1-35　前置面板排针

14．CMOS 跳线

CMOS 跳线（见图 1-36）又称放电跳线，是给桥内部 RTC 电路提供复位信号的跳线。常见的有三根针，分正常模式和清除模式，跳线帽在 1-2 脚为正常模式，跳线帽在 2-3 脚为清除模式（就是常说的放电）。在技嘉主板上，跳线只有两根针（见图 1-37），正常工作状态下不装跳线帽，当需要清除 CMOS 时才装上跳线帽。

图 1-36　CMOS 跳线　　　　　　　图 1-37　技嘉主板的 CMOS 跳线

15．USB、P/S2 供电跳线

部分主板上存在 USB、P/S2 供电跳线（见图 1-38），主要用于实现键盘开机功能。通过跳线设置可使主板没有通电，键盘就能得到相应供电。用户可根据需要自行设置。

图 1-38　USB、P/S2 供电跳线

▷▷▷ 1.1.3　主板上的芯片

主板上的主要芯片如图 1-39 所示。

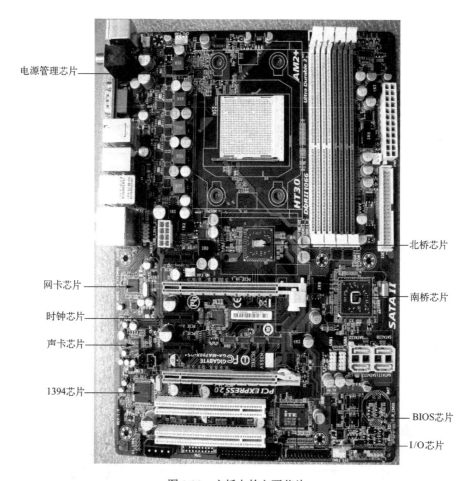

电源管理芯片

网卡芯片
时钟芯片
声卡芯片
1394芯片

北桥芯片
南桥芯片

BIOS芯片
I/O芯片

图 1-39   主板上的主要芯片

1．北桥芯片和南桥芯片

北桥芯片（North Bridge，NB）在主板上比较靠近 CPU 插座，采用 BGA 封装，管理部分高速设备，如显卡和内存，并通过总线连接南桥芯片和 CPU。

南桥芯片（South Bridge，SB）位于北桥芯片下方，也采用 BGA 封装，主要管理一些低速设备，如网卡芯片、声卡芯片、USB 接口、SATA 接口和 PCI 插槽等。

随着技术的发展，目前的主板多数已经采用单桥芯片了。也就是把原来北桥芯片内的高速功能整合进 CPU，低速部分与南桥芯片整合，成为一个单独的桥芯片。主流桥芯片厂商有 Intel 和 AMD。Intel 公司生产的桥芯片如图 1-40 所示，在表面上有 i 字母标识。AMD 公司生产的桥芯片如图 1-41 所示，在表面上有 AMD 字母标识。

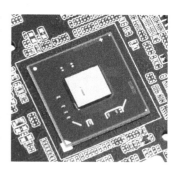

图 1-40   Intel 桥芯片

（a）　　　　　　　　　　　　　　（b）

图 1-41　AMD 桥芯片

2．I/O 芯片

I/O 芯片是输入/输出管理器的简称，主要为用户提供一系列输入、输出接口。部分 I/O 芯片同时集成温度监控、电压监控功能。常见的 P/S2 接口、串口、并口、前面板、风扇等统一由 I/O 芯片管控。

主板维修中常见 I/O 芯片（见图 1-42）有华邦、联阳、精拓、史恩希、新唐科技品牌的。

（a）华邦 I/O 芯片　　　　（b）联阳 I/O 芯片　　　　（c）精拓 I/O 芯片

（d）史恩希 I/O 芯片　　　　（e）新唐科技 I/O 芯片　　　　（f）小型新唐科技 I/O 芯片

图 1-42　I/O 芯片

在主板维修中更换 I/O 芯片时还要注意区分是否为某些主板厂家专用，如联阳公司生产的 I/O 芯片看第三行带 GB 的是技嘉专用（见图 1-43（a）），华邦公司生产的 I/O 芯片看型号最后带-A 的是华硕专用（见图 1-43（b））。

3．时钟芯片

时钟芯片用于产生各种不同时钟信号，送给各个设备提供基准参考，让主板上的设备统一协调工作。时钟芯片相当于人体的心脏，如果时钟芯片损坏，会引起主板无复位、不跑码、死机等。主板上的时钟芯片与 14.318MHz 晶振连在一起，如图 1-44 所示。

(a) 技嘉专用 I/O 芯片

(b) 华硕专用 I/O 芯片

图 1-43 专用 I/O 芯片

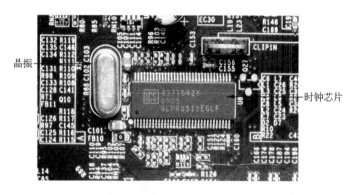

图 1-44 时钟电路组成

早期主板上常见的时钟芯片品牌有华邦（WINBOND）、ICS、瑞昱（RTM），如图 1-45 所示。Intel 单桥 H61 之后芯片组主板、AMD 单桥主板均无时钟芯片，时钟功能主要集成在桥芯片内。

(a) 华邦时钟芯片

(b) ICS 时钟芯片

(c) 瑞昱时钟芯片

图 1-45 时钟芯片

4．网卡芯片

网卡芯片（见图 1-46）负责网络数据解码、网络信号的接收和发送。网卡芯片旁边通常有 25MHz 晶振。网卡芯片损坏将直接导致无法上网。在实际维修中，网卡芯片损坏大部分是由雷击导致的。

（a）瑞昱网卡芯片

（b）博通网卡芯片

图 1-46　网卡芯片

5. 声卡芯片

声卡芯片（见图 1-47）负责音频信号解码，还原声音。平常喇叭发出声音、麦克风传输声音都经过声卡芯片处理。声卡芯片又分为 AC97 和 HD 总线两种。其中瑞昱公司生产的 ALC 系列使用量比较多，如 ALC662、ALC888、ALC1150 等。

（a）瑞昱声卡芯片

（b）美国模拟器件声卡芯片

图 1-47　声卡芯片

6. BIOS 芯片

BIOS 全名为 Basic Input Output System，中文意思是基本输入/输出系统。BIOS 芯片是集成在主板上的一个 ROM 芯片，保存了系统的基本输入/输出程序和系统开机自检程序，负责在开机时对系统硬件进行初始化设置和测试，以及保证系统能正常工作。

早期主板上的 BIOS 芯片有 3 种形状，即 32 脚的 PLCC 封装、8 脚的 SOP 封装、8 脚的 DIP 封装，如图 1-48 所示。现在已经没有 PLCC 封装的了。

（a）PLCC 封装 BIOS 芯片

（b）SOP 封装 BIOS 芯片

（c）DIP 封装 BIOS 芯片

图 1-48　BIOS 芯片

7．电源管理芯片

在主板上，电源管理芯片有多种，有负责 CPU 供电管理的，有负责内存供电管理的，有负责总线或桥供电管理的。如图 1-49 所示为华硕主板上使用的 CPU 供电管理芯片，它负责控制 MOS 管将 12V 电压降到 CPU 所需要的工作电压，并且在供电正常后发出供电好信号通知桥，CPU 工作电压已经正常。

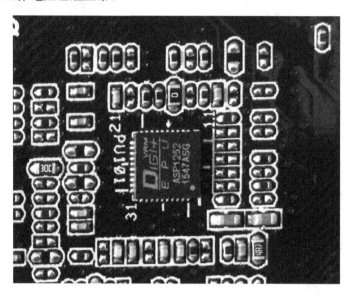

图 1-49　华硕电源管理芯片

▷▷▷ 1.1.4　主板上常见英文的解释

主板上有很多各种不同规格的电子元器件、插槽、接口、跳线等，由于设计空间有限，所以主板上的电子元器件、插槽、接口、跳线等均使用英文或其缩写进行标注。主板上常见英文缩写及解释见表 1-1。

表 1-1　主板上常见英文缩写及解释

英　文　缩　写	解　　释
CPU	中央处理器
DDR、DRAM、DIMM、MEMORY	内存
HDD	硬盘
CDROM	光驱
FDD、FLOPPY	软驱
IDE	硬盘/光驱接口
SATA	串口硬盘/光驱接口

续表

英 文 缩 写	解　释
MCH	Intel 的北桥芯片
GMCH	带集显的 Intel 北桥芯片
ICH	Intel 的南桥芯片
LAN	网卡
AUDIO、AC97 CODEC	声卡
VGA	模拟显示接口
DVI	数字显示接口
PIO、LPT	打印口/并口
SIO、COM	串口
SPI FLASH、FWH	BIOS（基本输入/输出系统）
MOUSE、M/S	鼠标
KEYBOARD、K/B	键盘
FRONT	前面
REAR	后面
FAN	风扇
IR	红外线
SPDIF	SONY&PHILIPS 数字音频接口，分为同轴和光纤接口
SPEAKER	喇叭接口
CI、CASE OPEN	机箱盖检测
BIOS WP	BIOS 写保护
WOL、WOR	网络唤醒、铃声唤醒
FPANEL、FRONTPANEL、JFP1	前置面板接口
JBAT1、JCMOS1、CL_RTC、CLRCMOS、CCMOS	清 CMOS 的跳线
HDMI	高清多媒体接口

▷▷▷ 1.1.5　主板的供电识别

如图 1-50 所示，6 系列芯片组主板的供电有 CPU 核心供电、集显供电、VTT 供电、内存供电、VCCSA 供电、VCCPLL 供电、待机供电（分主待机 3.3V 供电和深度睡眠待机 3.3V 供电）、桥供电。

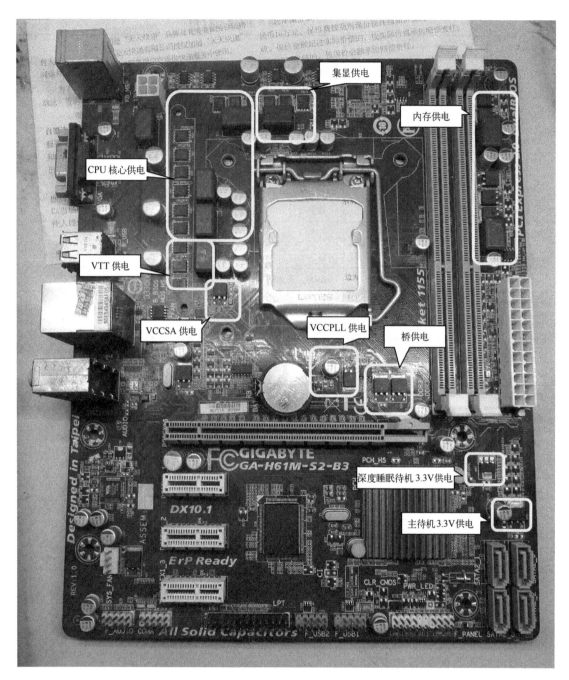

图 1-50   6 系列芯片组主板（技嘉 H61）供电分布图

如图 1-51 所示，8 系列芯片组主板的供电比较简单，只有 CPU 核心供电、内存供电、桥供电（1.05V 和 1.5V）、待机供电（分主待机 3.3V 供电和深度睡眠待机 3.3V 供电）。

图 1-51　8 系列芯片组主板（MS-7817）供电分布图

如图 1-52 所示，100 系列以上芯片组的主板，供电明显比 8 系列的要多，主要有 CPU 核心供电、VCCGT 集显供电、VCCSA 供电、VCCIO 供电、VCCST 供电、内存供电、VPP 2.5V 供电、待机 3.3V 供电（分主待机 3.3V 供电和深度睡眠待机 3.3V 供电）、待机 1V 供电。

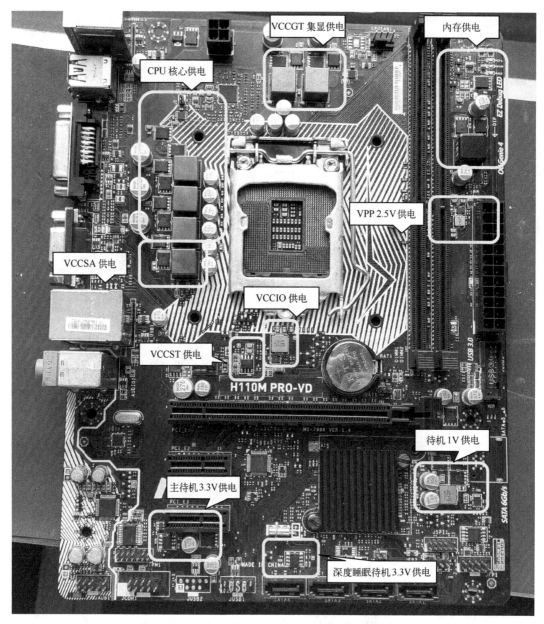

图 1-52　100 系列芯片组主板（MS-7996）供电分布图

1.2　电子元器件应用基础

▷▷▷ 1.2.1　电感应用讲解

1. 电感介绍

电感器（电感线圈，简称电感）是用绝缘导线（例如漆包线、纱包线等）绕制而成的电磁感应元件，是一种在磁场中储存能量的元件，也是电子电路中常用元件之一。电感量的单位是"亨利"（H）。电感在电学上的作用为通低频信号、隔高频信号、通直流电压、隔交流电压。这一特性刚好与电容相反，并且流过电感中的电流是不能突变的。

2．电感代号

电感用字母 L 表示，如 L65 表示第 65 个电感。电感有时也用作熔断器，熔断电感用 FB 表示。

3．电感电路图形符号

在主板上使用的电感分贴片电感和电感线圈，其电路图形符号如图 1-53 所示。贴片电感一般用在小供电电路中起保护作用，如芯片供电、信号线上的熔断器。电感线圈多在供电电路中用于滤波、储能，如 CPU 供电、内存供电、桥供电电路上的电感。

（a）贴片电感　　　　　　　（b）电感线圈

图 1-53　电感电路图形符号

4．电感常见型号

贴片电感（见图 1-54（a））外表是棕色的，常见于 P/S2 接口旁边和一些小供电电路中。电感线圈（见图 1-54（b））带有一个黑色外壳，表面写着数字，常在 CPU 插座、内存插槽旁边，用于供电的滤波和储能。

（a）贴片电感　　　　　　　（b）电感线圈

图 1-54　电感实物图

5．电感好坏判断

电感好坏判断一般是测量两端是否相通。如图 1-55 所示，使用数字二极管挡或者蜂鸣挡，红黑表笔轻轻夹着电感测量两端，显示数值为 0 表示电感正常，显示数值为无穷大表示电感开路。

6．电感的替换

贴片电感找外观大小相同的替换，有的电路可以 0Ω电阻代换或者直连。电感线圈一般要找相同大小、相同匝数的替换。

7．电感的应用电路

电感应用电路举例如图 1-56 所示：VCC3 供电通过 R241 和 R215 分压后，经过电感 L12 改名为 VCCA_EXP，为桥芯片内部的 PCI-E 模块供电，如果 VCCA_EXP 电流超过 L12 电感所能承受的电流后，电感会被烧开路，从而保护桥芯片不被烧坏。

图 1-55　电感好坏判断

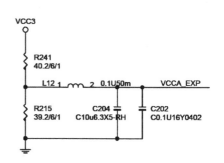

图 1-56　电感应用电路

▷▷▷ 1.2.2　晶振应用讲解

1．晶振介绍

晶振的全称是晶体振荡器，其作用是产生原始的时钟频率。这个原始的时钟频率经过频率发生器倍频后就成了计算机中各种时钟频率，送到主板上各个设备中使设备正常工作。

2．晶振代号

晶振用字母 X 或者 Y 表示。例如，X2 表示主板上第 2 个晶振。

3．晶振电路图形符号

晶振在电路图中使用的图形符号如图 1-57 所示。

图 1-57　晶振电路图形符号

4．晶振常见型号

32.768kHz 晶振用于给南桥芯片中的 RTC（Real Time Clock，实时时钟）电路提供基准频率。如果 32.768kHz 晶振损坏，会导致不开机、无复位、不跑码等故障，在不同主板上故障表现不一样。

14.318MHz 晶振用于产生时钟芯片的基准频率，损坏时导致主板无时钟信号。

25MHz 晶振用于给网卡和部分桥芯片提供基准频率。

主板上常见三种晶振的实物图如图 1-58 所示。

（a）32.768kHz 晶振

（b）14.318MHz 晶振

（c）25MHz 晶振

图 1-58　晶振实物图

5．晶振好坏判断

① 使用示波器测量晶振两脚波形和频率，与标示值对比，频率相同为好，不同为坏。

② 使用替换法判断晶振好坏。

6．晶振应用电路

晶振的应用电路举例如图 1-59 所示，Intel-NH82801GB 南桥芯片得到 VCCRTC 实时时钟供电和 RTCRST#实时时钟复位后，给 32.768kHz 晶振供电，晶振起振提供 32.768kHz 频率给南桥芯片实时时钟电路，让实时时钟电路工作保存 CMOS 设置（如时间、日期、启动项等）。

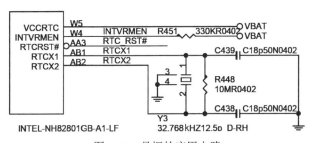

图 1-59　晶振的应用电路

▷▷▷ 1.2.3　电阻应用讲解

1．电阻介绍

物质对电流的阻碍作用就是该物质的电阻。电阻小的物质称为电导体，简称导体。电阻大的物质称为电绝缘体，简称绝缘体。用字母 R 表示电阻器（简称电阻）。在电路图中，电阻用图 1-60 所示电路图形符号表示。电阻阻值的基本单位是欧姆（ohm），简称欧，符号是 Ω，比较大的单位有千欧（kΩ）、兆欧（MΩ）等。

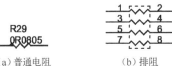
（a）普通电阻　　　（b）排阻

图 1-60　电阻电路图形符号

$$1T\Omega=1000G\Omega \qquad 1G\Omega=1000M\Omega \qquad 1M\Omega=1000k\Omega \qquad 1k\Omega=1000\Omega$$

2．电阻阻值计算

主板上常用的电阻都是三位数的贴片电阻，部分主板还使用精密电阻。

普通电阻阻值识读如图 1-61 所示，前两位为有效数，第三位为倍率。如果中间带有字母，字母表示小数点，如图 1-62 所示。

$272=27 \times 10^2 =2700\Omega=2.7k\Omega$

图 1-61　普通电阻阻值识读

2R7=2.7Ω，中间的 R 表示小数点

图 1-62　中间带字母电阻阻值识读

精密电阻阻值识读如图 1-63 所示。精密电阻阻值由数字和字母组成，数字是代码，对应表 1-2 中的一个数，字母表示乘方。

01B 中，01=100，$B=10^1$

01B=100×10^1=1000Ω=1kΩ

图 1-63　精密电阻阻值识读

表 1-2　精密电阻阻值对照表

代 码	阻 值	代 码	阻 值	代 码	阻 值	代 码	阻 值	代 码	阻 值
01	100	21	162	41	261	61	422	81	681
02	102	22	165	42	267	62	432	82	698
03	105	23	169	43	274	63	442	83	715
04	107	24	174	44	280	64	453	84	732
05	110	25	178	45	287	65	464	85	750
06	113	26	182	46	294	66	475	86	768
07	115	27	187	47	301	67	487	87	787
08	118	28	191	48	309	68	499	88	806
09	121	29	196	49	316	69	511	89	825
10	124	30	220	50	324	70	523	90	845
11	127	31	205	51	332	71	536	91	866
12	130	32	210	52	340	72	549	92	887
13	133	33	215	53	348	73	562	93	909
14	137	34	221	54	357	74	576	94	931
15	140	35	226	55	365	75	590	95	953
16	143	36	232	56	374	76	604	96	976
17	147	37	237	57	383	77	619		
18	150	38	243	58	392	78	634		
19	154	39	249	59	402	79	649		
20	158	40	225	60	412	80	665		
$A=10^0$　$B=10^1$　$C=10^2$　$D=10^3$　$E=10^4$　$F=10^5$　$Y=10^{-2}$　$X=10^{-1}$									

3.熔断电阻

熔断电阻的作用是保护电路中主要元器件不被烧坏。图 1-64 中，R295 为熔断电阻，当芯片 U25 负载过大或者短路时通过电阻 R295 的电流变大，超过电阻所能承受的范围时，电阻自燃使电路开路，芯片供电断开，从而保护前级 12V 主供电电路不被损坏。熔断电阻的阻值一般都在 10Ω 以下。

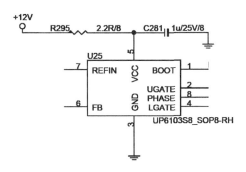

图 1-64　熔断电阻应用电路

4.上拉电阻

上拉电阻的作用是将不确定的信号上拉到一个高电平增加信号电流，让信号能远距离、高速传输。图 1-65 中，RN3 是一个上拉排阻，LDT_RST#信号经过 RN3 上拉到 VCC_DDR 电压为信号增加工作电流。另外，上拉电阻同时也有限流作用。

5.下拉电阻

下拉电阻是将不确定的信号接地，用于设置信号的工作状态。图 1-66 中，PGNT#0 信号通过下拉电阻 R608 接地，设置 PGNT#0 信号为低电平状态。信号线上的下拉电阻具有吸收电流的作用，将输出端信号的电流吸收到地，减小信号对后级电路的冲击。

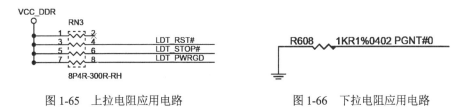

图 1-65　上拉电阻应用电路　　　　　　　　图 1-66　下拉电阻应用电路

6.分压电阻

上拉电阻和下拉电阻同时存在的电路叫分压电路，将一个正常供电通过电阻分压得到一个合适电压给电路做参考。分压电阻使用在电流小的供电电路或者参考电压电路中。图 1-67 中的 R424 和 R423 就组成一个分压电路，R424 连接供电称为上拉电阻，R423 接地称为下拉电阻，1_5VREF 电压经过 R424 和 R423 分压后得到 DDR3_1_5REF 电压给内存做参考电压。

7．电阻好坏判断

电阻的测量方法如图 1-68 所示，将数字万用表调整到欧姆挡，两支表笔分别接触电阻的两端，显示屏上显示数值为所测量电阻的阻值。如果测量显示数值与电阻标示值不一致，则所测电阻已损坏。

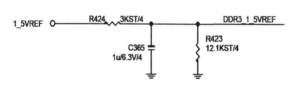

图 1-67　电阻分压应用电路　　　　　　　　图 1-68　电阻的测量方法

注意：① 电阻损坏一般表现为阻值变大或为 0。

② 由于电阻的制作材料不同，电阻阻值会有一定误差，测量数值在误差范围内的电阻属于好电阻。

③ 需要准确测量时，一定要将电阻拆下来测量。

▷▷▷ 1.2.4　电容应用讲解

1．电容介绍

电容器（简称电容）是一种容纳电荷的元器件，用字母 C 表示。电容具有充电和放电功能，在主板上，电容主要用于供电滤波、信号耦合、谐振等。且电容两端电压不能突变。在电路图中，通常用图 1-69 所示电路图形符号来表示电容。

（a）无极性电容　　　　　　　（b）有极性电容

图 1-69　电容电路图形符号

台式机主板上采用直插式电容（见图 1-70）和贴片电容。直插式电容多用于供电电路滤波。滤波电容有正极和负极。如果正极和负极装反，会引起电容损坏，严重时还会导致电容爆炸。电容外壳上有白色或标识的一脚为电容负极，无标识的一脚为正极。常见有极性的直插式电容有电解电容、固态电容。

图 1-70　直插式电容　　　　注意：安装电容时应细心目测主板上电容位置的正极和负极，以防
　　　　　　　　　　　　　　止装反。普通主板 PCB 上有白色阴影为负极，华硕和华擎主板上电容位
置的标识相反，白色阴影一端为正极，在安装时要非常注意，如图 1-71 所示。

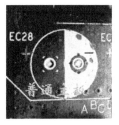
（a）普通主板

（b）华硕和华擎主板

图 1-71 主板电容位置的标识

从外观上区分，贴片电容（见图 1-72）可分为单个电容和排容两种。贴片电容在主板上除用于滤波外，还用于耦合、谐振、升压等。

2. 滤波电容

主板要稳定工作，供电是重要条件之一。为稳定各个芯片的工作电压，在电路中使用电容将供电中的交流杂波滤除到地，使电压稳定输出。滤波电容有的使用贴片电容，有的使用直插式电解电容。滤波电容必须有一脚接地。图 1-73 中的 EC6、EC8、EC10 是 VCCP 供电滤波电容，用于

图 1-72 贴片电容

将 VCCP 供电中的交流干扰成分滤除到地，保证 VCCP 电压稳定输出给 CPU 供电。如果电容损坏，输出电压就会有波动，导致 CPU 工作不稳定出现死机故障。

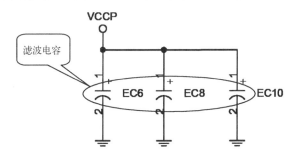

图 1-73 滤波电容应用电路

3. 耦合电容

耦合电容通常采用贴片电容，应用在主板 PCI-E 和 SATA 信号线上。耦合电容串联在信号电路中，用于隔离直流，并保证交流信号高速传输，如图 1-74 所示。

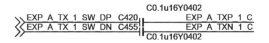

图 1-74 耦合电容应用电路

PCI-E 插槽上方的一排贴片电容就是 PCI-E 插槽信号线上的耦合电容，如图 1-75 所示。

图 1-75　PCI-E 插槽上方有一排耦合电容

4．谐振电容

谐振电容都采用贴片电容，仅使用在晶振电路（见图 1-76）中，分别接在晶振的两个引脚和地之间。如图 1-77 所示，在晶振边上的电容就是谐振电容。谐振电容容量大小为几 pF 至几十 pF，外观上谐振电容比其他贴片电容颜色偏白。谐振电容的参数会影响到晶振的频率和输出幅度。

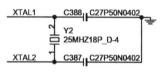

图 1-76　谐振电容应用电路

图 1-77　谐振电容实物图

5．电容好坏判断

目测电容外观有明显压伤、鼓包、漏液的，必须要换。

测量电解电容前，先将电容两脚短接放电，使用数字万用表的二极管挡，红表笔接触电解电容的正极，黑表笔接触电解电容的负极，显示屏数值慢慢变大直到无穷大，再把表笔对调，显示屏数值先变小再变大。有以上过程的电解电容是好的。

测量时显示屏显示数值为 0，表示电容已短路；显示屏显示数值为无穷大且不变化，表示电容开路。短路和开路的电容都不能使用，必须更换。

贴片电容的测量使用数字万用表的二极管挡，用两支表笔夹着电容两端：显示屏显示数值为无穷大，表示所测电容是好的；如果显示屏显示数值为 0，表示电容短路；显示屏有数值，表示电容漏电。如果要准确判断，则需要使用电容表测量。

6．电容替换原则

电解电容：耐压、耐温、容值均不低于原值。电容耐压、耐温、容值常见于电容外壳上，见图 1-70。

贴片电容：可以用电容表测量，也可以找颜色/大小相同的替换，但不一定准确。

▷▷▷ **1.2.5　二极管应用讲解**

1．二极管介绍

二极管是一种半导体器件，用字母 D、PD、ZD 表示。二极管有两个极，分别是 P 极和

N 极，P 极又称正极，N 极又称负极。

二极管的电学特性是单向导通，电流只能从二极管正极流入，从负极流出。如果给二极管正极加的电压大于负极电压时，二极管就导通，内阻很小。而给二极管正极加的电压小于负极电压时，二极管就会截止，内阻极大或为无穷大。不同材料制作的二极管工作时导通压降不一样，使用硅材料制作的硅管正向导通压降是 0.7V，使用锗材料制作的锗管正向导通压降是 0.3V。主板上使用的二极管多为硅二极管，工作时 P 极和 N 极之间电压有 0.7V 压差才能正常导通。

在主板上的二极管主要有整流二极管、稳压二极管、肖特基二极管、钳位二极管。在电路图中使用图 1-78 所示电路图形符号表示二极管，图中左端为二极管 P 极（正极），右端为二极管 N 极（负极）。

2．肖特基二极管

肖特基二极管常用于主板的 RTC（实时时钟）电路中，用以实现由电池或待机电压为 RTC 电路供电，保存 CMOS 设置的时间、日期、启动项等。肖特基二极管有三个引脚，如图 1-79 所示，左边引脚和右边引脚分别是两个正极，用于连接 CMOS 电池和 3VSB 待机供电，上边引脚为负极。主板上常用的肖特基二极管型号有 L43、L44、KL3、WW1、BAT54C 等。

图 1-78　二极管电路图形符号

图 1-79　肖特基二极管实物图

使用肖特基二极管 D12 产生 VBAT 电压，为主板 RTC 电路供电的电路如图 1-80 所示。当主板拔掉 ATX 电源时，电池 BAT 的 3V 电压由正极通过电阻 R247 送到 D12 的 2 脚，2 脚电压高于 3 脚电压，2 脚和 3 脚二极管导通，从 3 脚输出得到 VBAT。而 1 脚无电压，1 脚和 3 脚二极管截止。给主板接上电后，电源输出 5VSB，经过电阻 R249 和 R248 分压得到 3.649V 电压送到 D12 的 1 脚，1 脚电压高于 3 脚电压，1 脚和 3 脚二极管导通，从 3 脚输出 VBAT。而 2 脚电压低于 3 脚电压，2 脚和 3 脚二极管截止，电池不放电。经过 D12 的切换使电池和待机供电来得到 VBAT 电压，使电池省电。

3．钳位二极管

钳位二极管由两个方向相反的二极管组成。在主板 USB 接口或 VGA 接口旁边，使用钳位二极管可防止其他设备的静电进入主板导致主板损坏。主板上常见钳位二极管型号有 A7W。

钳位二极管的应用电路如图 1-81 所示，D14 钳位二极管 Y 脚接 3.3V 供电，X 脚接地，Z 脚接 VGA_RED 信号线。如果 VGA_RED 信号电压低于–0.7V 时，Z 脚和 X 脚二极管导通。如果 VGA_RED 信号电压高于 4V 时，Y 脚和 Z 脚二极管导通。在 D14 作用下将 VGA_RED 信号电压钳位于–0.7～4V，就算带有静电的显示器数据线插入，也不会导致主板损坏。

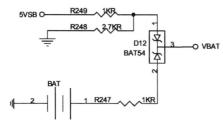

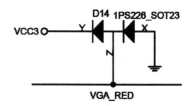

图 1-80　肖特基二极管应用电路　　　　图 1-81　钳位二极管应用电路

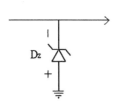

图 1-82　稳压二极管电路图形符号

4．稳压二极管

稳压二极管（见图 1-82）主要是将一个输入电压降压稳定为一个固定电压。稳压二极管反接在供电与地之间，当二极管反向电压大到一定数值后，二极管反向电流会突然增加，使二极管击穿，即利用击穿时通过二极管的电流变化很大而二极管两端的电压几乎不变的特性实现稳压。

5．二极管好坏判断

使用数字万用表二极管挡，红表笔接触二极管正极，黑表笔接触二极管负极，显示数值为 300～800。对调表笔，红表笔接触二极管负极，黑表笔接触二极管正极，显示数值为无穷大。

测量结果与上面描述的一致，表示二极管是好的；如果数值显示为 0，表示二极管短路；两次测量数值都为无穷大，表示二极管开路；两次测量都有数值，表示二极管被击穿。

▷▷▷ 1.2.6　三极管应用讲解

1．三极管介绍

常用的三极管全称为半导体三极管，也称双极型晶体管，用字母 Q、PQ 表示。三极管是一种用小电流控制大电流的器件，其作用是把微弱信号放大成幅值较大的电信号，也用作无触点开关。

三极管有三个极，分别为基极 B、集电极 C 和发射极 E。实物中，三极管正对自己左边脚为 B 极，中间脚为 C 极，右边脚为 E 极，如图 1-83 所示。

主板使用的三极管按结构分 NPN 型三极管和 PNP 型三极管两种，电路图形符号如图 1-84 所示。E 极箭头指向 B 极的为 PNP 型三极管，指向外面的为 NPN 型三极管。主板上使用 NPN 型三极管比较多。

2．开关三极管

三极管在计算机板卡电路中的应用最广泛，多数为 NPN 型三极管，如 1AM、W04、T04 等。在主板上，发射极接地的三极管，都起开关作用。B 极与 C 极为反相的关系，即 B 极输入高电平时，C 极为低电平；B 极输入低电平时，C 极为高电平。通电后，测量 B 极为

0.7V 时，C 极应为 0V，B 极低于 0.7V 时，C 极为高电平。

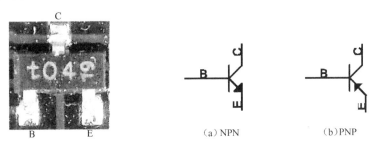

图 1-83 三极管实物图 图 1-84 三极管电路图形符号

(a) NPN (b) PNP

开关三极管应用电路如图 1-85 所示，图中的 Q4 就是一个开关三极管。当 B 极的 VID_GD#信号为 0.7V 以上的高电平时，Q4 的 C、E 极导通接地，使 VID_PG 信号为低电平。如果 B 极的 VID_GD#为低电平，Q4 的 C、E 极不导通，VID_PG 信号通过电阻 R34、R35 分压后上拉为高电平，通过 VID_DG#控制 Q4 导通和截止，从而实现了开关的目的。

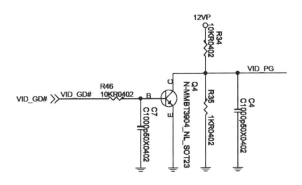

图 1-85 开关三极管应用电路

3．三极管常见型号

小的 NPN 管：1AM、W04、W1P、T04、S04、*1p、*04 等。
大的 NPN 管：C5001、C5706、C5707。
小的 PNP 管：W06、T06、*06。
大的 PNP 管：B1202。

4．三极管好坏判断

离线测量：使用数字万用表二极管挡。对于 NPN 型三极管，用红表笔接触 B 极，黑表笔接触 C 极，显示数值为 500 左右；黑表笔再接触 E 极也会显示数值为 500 左右。对于 PNP 型三极管，用黑表笔接触 B 极，红表笔接触 C 极，显示数值为 500 左右；红表笔再接触 E 极也会显示数值为 500 左右。测量时显示数值为 0，表示三极管短路；显示数值为 1 或 OL，表示三极管开路。

在线测量：在线测量只针对有开关作用的三极管。主板通电，数字万用表打到直流 20V 电压挡，黑表笔接地，红表笔先接触三极管 B 极，再接触 C 极。如果 B 极电压为 0.7V，C

极电压必须为 0V；如果 B 极电压为 0V，C 极电压就应该为 1V 或者 3.3V（具体看 C 极的上拉供电是多少伏）。

▷▷▷ 1.2.7　MOS 管应用讲解

1．场效应晶体管介绍

场效应晶体管（Field Effect Transistor，FET）简称场效应管，用字母 Q、PQ、MN 表示。场效应管属于电压控制器件，利用输入电压产生的电场效应来控制输出电流。

场效应管主要分为结型场效应管和绝缘栅型场效应管。结型场效应管分为 N 沟道和 P 沟道的。绝缘栅型场效应管也叫金属氧化物半导体场效应管，简称 MOS 管，分为耗尽型 MOS 管和增强型 MOS 管，又都有 N 沟道和 P 沟道之分，电路图形符号如图 1-86 所示。在电路图中通过看 MOS 管中间箭头来区分 N 沟道和 P 沟道 MOS 管，箭头向内为 N 沟道 MOS 管，箭头向外为 P 沟道 MOS 管。

主板供电电路中绝大部分的场效应管都是 N 沟道的绝缘栅型增强型场效应管，如图 1-87 所示。

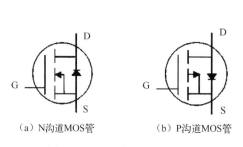

（a）N沟道MOS管　　　　（b）P沟道MOS管

图 1-86　MOS 管电路图形符号

图 1-87　主板常用 MOS 管实物图

场效应管和三极管一样有三个极，分别是栅极（用 G 表示，也称控制极）、漏极（用 D 表示，也称输入极）和源极（用 S 表示，也称输出极）。实物中的 MOS 管外形和引脚排列都是一样的，左边脚为 G 极，中间脚为 D 极（和上面相通），右边脚为 S 极。

2．场效应管的工作原理

主板上，MOS 管的最大作用是降压，即通过控制 MOS 管 G 极电压的高低来改变 MOS 管内部沟道大小，进而改变 S 极输出电压的高低，将输入电压调节到所需要的电压输出。

N 沟道 MOS 管的导通特性：G 极电压越高，D、S 之间导通程度越强；反之，G 极电压越低，D、S 极的导通程度越弱。G 极电压达到 12V 时，D、S 极完全导通。

P 沟道 MOS 管的导通特性：G 极电压越高，D、S 极导通程度越弱；反之，G 极无电压时，D、S 极完全导通。维修中简称 N 管高电平导通，P 管低电平导通。

图 1-88 中，Q27 是 N 沟道 MOS 管，U22A 的 1 脚输出高电平时，Q27 导通，将 VCC_DDR 内存电压降压，得到 1.2V_HT 总线供电电压；U22A 的 1 脚输出低电平时，Q27

截止，1.2V_HT 总线电压为 0V。

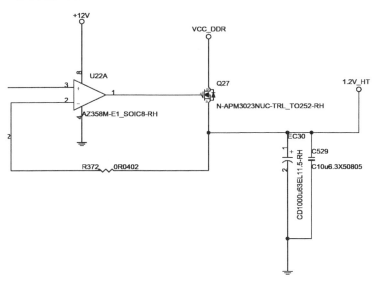

图 1-88 MOS 降压电路举例

3. 主板上常用的 MOS 管型号

① TO-252 封装的 N 沟道 MOS 管常用于供电电路降压，如内存供电、桥供电、CPU 供电等电路中。常见的型号有 09N03、06N03、60N03、45N02、3055、3057、K3916、K3918、K3919、9916H、85T03、70T02、D412、FR3707Z、FR3709Z 等。

② SOT-23 封装、外观很小的贴片场效应管常用于小电流供电电路降压，或者当作开关。常见的型号有 K72、S72、702、7002、351、024、025、12W 等，如图 1-89 所示。

③ 在部分华硕、技嘉、映泰主板的待机供电、USB 接口电路中使用 SOT-23 封装的小 P 沟道 MOS 管实现双路和供电。常见型号有 A36，一般用在 USB 接口旁边。

4. 主板上使用的特殊 MOS 管型号

（1）结型场效应管（见图 1-90）

结型场效应管目前常见于华硕（ASUS）主板及部分华硕代工主板上，型号一般为 LD1010D、LD1014D。其特性是在断电状态下，测量其 D、S 极是完全相通的。在维修中，务必注意，以免造成维修中的误判。

图 1-89 小 MOS 管实物图

图 1-90 结型场效应管实物图

（2）8 脚 MOS 管

① 有复合型的，如 APM7313、7D03，内部有两个 N 沟道的场效应管，4500、4501、4502、4609 等是由一个 N 沟道和一个 P 沟道组成的，如图 1-91 所示。

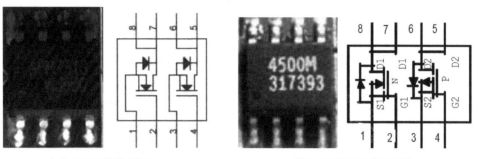

（a）APM7313 双 N 型管　　　　　　　　　　（b）4500 N+P 复合 MOS 管

图 1-91　复合型 MOS 管

图 1-92　8 脚单个 MOS 管

② 8 脚单个 MOS 管如图 1-92 所示，一般使用在华硕主板上。它的 1、2、3 脚为 S 极，4 脚为 G 极，5、6、7、8 脚为 D 极。

5．场效应管好坏判断

主板上使用的大部分是 N 沟道 MOS 管，在此讲解 N 沟道 MOS 管的好坏判断方法。

① 短接 MOS 管的三个极进行放电。

② 将万用表调整到二极管挡。

③ 黑表笔接触 MOS 管的 D 极，红表笔接触 MOS 管的 S 极，有 500 左右数值。

④ 表笔接触 G、S 极或者 G、D 极，数值都应该为无穷大。

⑤ 如果除 D、S 之外的极有数值，表示 MOS 管不良。

⑥ 测量时任何两个极之间数值都为 0，表示 MOS 管短路。

⑦ 测量 D、S 极，把表笔对换都无数值，表示 MOS 开路。

6．MOS 管替换方法

① 作者认为 09N03、06N03 可以替代台式机主板上使用的 N 沟道 MOS 管。

② 废主板的 CPU 供电处 MOS 管基本可以替换主板其他位置的 MOS 管。

③ 替换时注意看清场管型号，有的稳压器和三极管长得和 MOS 管一样。

④ 华硕及部分主板 CPU 供电的下管使用 LD1010D。LD1014D 为结型管，不能用 N 沟道 MOS 管替换。

▷▷▷ **1.2.8　门电路应用讲解**

1．门电路介绍

用于实现基本逻辑运算和复合逻辑运算的单元电路称为门电路，用字母 U 表示。常用门电路有同相器、反相器（非门）、与门、与非门、或门、或非门等几种。

门电路规定各个信号输入端之间满足某种逻辑关系时，输出端才有信号输出。从逻辑关系看，门电路输入端或输出端只有两种状态，无信号用"0"表示，有信号用"1"表示。

由于现有主板上的门电路基本集成在南桥芯片、I/O 芯片中，所以在此只介绍门电路的符号及逻辑关系。

2．同相器（跟随器）

同相器也称跟随器，电路图形符号及逻辑关系如图 1-93 所示，具有一个输入端和一个输出端。A 为输入端，Y 为输出端，输出与输入是等同关系。当 A 输入高电平时，Y 输出高电平。而 A 输入低电平时，Y 输出低电平。主板上常见的同相器有 7407、LVC07、HCT07，内部集成 6 个同相器（见图 1-94）。

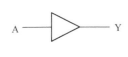

A	Y
1	1
0	0

（a）电路图形符号　　　　　　　　　　　　　（b）逻辑关系

图 1-93　同相器的电路图形符号及逻辑关系

（a）实物图

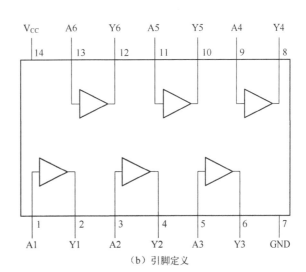

（b）引脚定义

图 1-94　7407 同相器实物图和引脚定义

3．反相器（非门）

反相器也称非门，输出与输入是相反的关系。反相器电路图形符号及逻辑关系如图 1-95 所示。A 端输入高电平时，Y 端输出低电平；A 端输入低电平时，Y 端输出高电平。主板上常见的反相器有 HCT14、HCT7414、LVC14、74LVC04、74HCT05、74HCT06 等。

A	Y
1	0
0	1

（a）电路图形符号　　　　　　　　　　　（b）逻辑关系

图 1-95　反相器电路图形符号及逻辑关系

4．与门（AND）

与门是一种等同于相乘关系的门电路，电路图形符号及逻辑关系如图 1-96 所示。A 和 B 分别为两个输入端，Y 为输出端。A 和 B 两个输入端有一个输入为低，输出端 Y 输出低电平；只有 A 和 B 同时输入高电平时，Y 才会输出高电平。

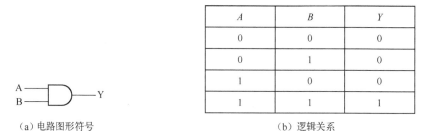

A	B	Y
0	0	0
0	1	0
1	0	0
1	1	1

（a）电路图形符号　　　　　　　　　　　（b）逻辑关系

图 1-96　与门电路图形符号及逻辑关系

与门电路一般常用于 VGA 接口的行、场同步信号输出端，用作信号缓冲。主板上常见的与门有 HCT08、74HCT08、LVC08，所以与门又被称为 08 门。HCT08 与门实物图如图 1-97 所示。

图 1-97　HCT08 与门实物图

5．与非门（NAND）

与非门常见型号有 HCT132、HCT03，电路图形符号及逻辑关系如图 1-98 所示。A、B 为输入端，Y 为输出端。A 和 B 任意一个脚输入低电平，Y 输出高电平；只有 A 和 B 同时输入高电平时，Y 才会输出低电平。

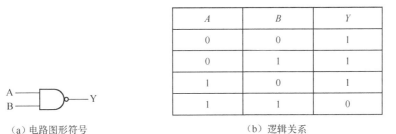

A	B	Y
0	0	1
0	1	1
1	0	1
1	1	0

（a）电路图形符号　　　　　　　　　　（b）逻辑关系

图 1-98　与非门电路图形符号及逻辑关系

6．或门（OR）

或门电路常用的有 HCT32，电路图形符号及逻辑关系如图 1-99 所示。输入端 A 和 B 中一个输入为高电平，输出端 Y 输出高电平；只有输入端 A 和 B 同时输入低电平时，输出端 Y 才会输出低电平。

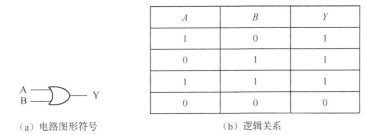

A	B	Y
1	0	1
0	1	1
1	1	1
0	0	0

（a）电路图形符号　　　　　　　　　　（b）逻辑关系

图 1-99　或门电路图形符号及逻辑关系

7．由分立元器件组成的门电路

AMD 芯片组主板常用二极管、MOS 管组成与门电路，用于产生南桥芯片所需的 SYS_PWRGD 信号给南桥芯片，表示主板供电正常，如图 1-100 所示。

当 V1P1_NBCORE 桥供电正常后，通过电阻 R505 送到 Q59 的 5 脚，Q59 的 3、4 脚导通，1、6 脚截止。南桥芯片发出 3.3V 高电平的 SLP_S3#信号，使 D20 截止。ATX 电源输出 5V 高电平的 ATX_PWR_OK 电源好信号，使 D18 截止。前置面板复位开关针 FR_RST# 的 3.3V 高电平使 D19 截止。3VDUAL 经过电阻 R497 上拉得到高电平的 SYS_PWRGD 给南桥芯片，表示主板供电正常。如果以上信号任何一个为低电平都会导致 SYS_PWRGD 为低电平。

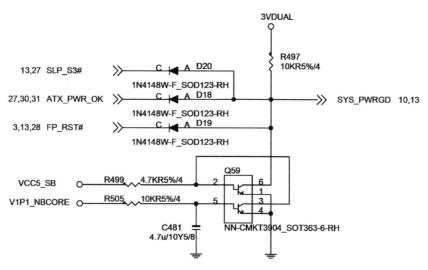

图 1-100　由分立元器件组成的门电路

8. 门电路好坏判断

通电后，测量门电路输入端与输出端的关系，再与逻辑关系表对比。符合逻辑关系表的为好，不符合逻辑关系表的为坏。门电路损坏可使用相同类型门电路进行更换。

▷▷▷ **1.2.9　运算放大器应用讲解**

1. 运算放大器介绍

主板上使用运算放大器控制 MOS 管工作。运算放大器输出端连接 MOS 管的 G 极，控制 MOS 管降压，并通过反馈调整控制极电压，使 MOS 管 S 极输出一个稳定的电压。

主板上最常见的运算放大器有 LM358、LM324、AZ324、LM393 等。

LM358 芯片内部有两个独立运算放大器，实物图如图 1-101 所示。LM358 引脚排列如图 1-102 所示，IN1(+)脚是同相输入端，IN1(−)脚是反相输入端，Out1 是输出端。

图 1-101　LM358 实物图

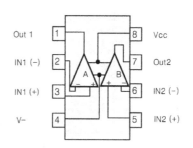

图 1-102　LM358 引脚排列

工作原理：当同相输入端电压高于反相输入端电压时，输出端输出高电平；反之，当同相输入端电压低于反相输入端电压时，输出端输出低电平。

　　LM324 集成 4 个独立比较器，实物图和引脚排列分别如图 1-103 和图 1-104 所示。Input 为输入脚，Output 为输出脚，VCC 为供电，GND 为地。

图 1-103　LM324 实物图

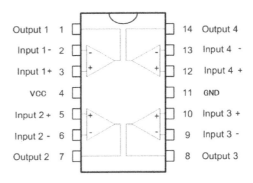

图 1-104　LM324 引脚排列

2．运算放大器的应用

　　如图 1-105 所示，VREF25 的 2.5V 电压经过电阻 R301 后改名为 EN_VDDA25，给 U21B 的同相输入端 5 脚。5 脚电压高于 6 脚电压，7 脚输出高电平，MN22 慢慢导通，VDDA25 电压慢慢升高，并且通过线路返回到 U21B 的 6 脚，在内部与 5 脚比较。当 MN22 输出电压达到 2.6V 时，反馈给 U21B 的 6 脚电压高于 5 脚电压，7 脚输出低电平，MN22 截止，输出电压就会慢慢下降。当输出电压降到 2.4V 时，5 脚电压高于 6 脚电压，7 脚输出高电平再次导通 MN22。在 U21B 的控制下 MN22 循环导通、截止，经过 MN22 的 S 极滤波电容 EC44 滤波后，可以滤除 2.6～2.4V 波动，稳定输出 2.5V 的 VDDA25 供电。

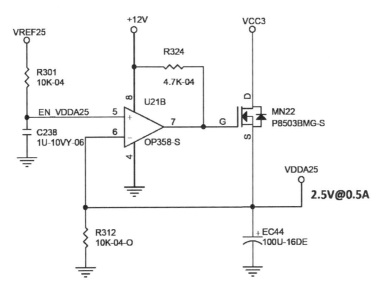

图 1-105　VDDA25 供电电路

▷▷▷ 1.2.10　稳压器应用讲解

1．稳压器介绍

主板上常用的稳压器有 1117、1084、1085、1086、1087、EH11A、LX8384、L1284、RT9164 等。1117 稳压器（见图 1-106）是一种低压差线性稳压器（Low DropOut regulator，LDO），在主板上起的作用是把输入电压调整到一个稳定的电压输出。这个调整是降压调整，而输入电压一定要高于输出电压。

图 1-106　稳压器 1117 实物图

1117 稳压器有固定输出和可调输出两种。通过目测稳压器表面字样进行区别，表面标识有电压的为固定输出（见图 1-106），无标识的为可调输出。实际电路中也可以通过目测稳压器 1 脚是否有电阻区分：如果 1 脚与 2 脚之间连接有电阻，则为可调输出；1 脚无电阻直接接地，则为固定输出。

2．稳压器的应用

可调输出稳压器 1117 工作示意图如图 1-107 所示，IN 为输入脚，OUT 为输出脚，ADJ 为电压调整脚，通过电阻接地，并与输出脚通过一个电阻相连。在主板上使用时，就是通过 R_1、R_2 电阻值的大小，来调节输出电压的高低。LM1117 的输出端电压在 $1.2 \sim 10\mathrm{V}$ 之间可调，输入端电压最高为 12V。

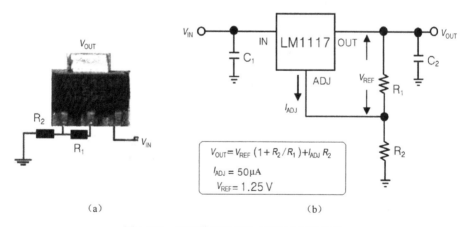

$$V_{OUT} = V_{REF}\,(1 + R_2 / R_1) + I_{ADJ}\,R_2$$
$$I_{ADJ} = 50\mu A$$
$$V_{REF} = 1.25\,V$$

（a）　　　　　　　　　　（b）

图 1-107　可调输出稳压器 1117 工作示意图

3．精密稳压器 431、432

431 是一个内部含有 2.5V 精密基准源的器件。432 是一个内部含有 1.24V 精密基准源的器件。常见的 431 有三个引脚：阴极（cathode）、阳极（anode）和基准脚（ref），如图 1-108 所示。

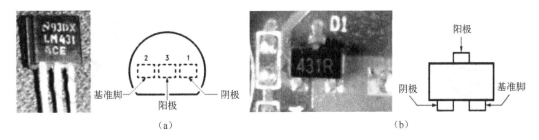

图 1-108　精密稳压器

工作原理：当基准脚电压高于 2.5V 时，阴极和阳极导通；当基准脚电压低于 2.5V 时，阴极和阳极截止。

在主板上常用 LM431 产生 2.5V 基准电压。如图 1-109 所示，VCC3 通过 R166 限流后，经过 LM431 稳定输出 2.5V 的 VREF25 基准电压。

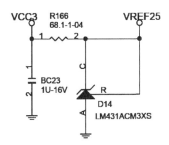

图 1-109　精密稳压器 LM431 工作原理

1.3　主板名词解释

▷▷▷ 1.3.1　供电与信号

在主板上，有些地方有 5V 电压，我们称其为 5V 供电，还有的地方同样是 5V 电压，我们却称其为信号，那么它们的区别在哪里呢？

供电是一个可以输出电流的电压，电流比较大。在工作过程中，这个电压不可以被置高或者拉低。如果供电被拉低了，就是短路。在一般情况下，置高也是不允许的。

从理论上说，信号只考虑电压变化，电流很小。在主板的工作过程中，信号会根据需要随时被拉低或者置高。

例如，ATX 电源工作受绿线控制：当绿线为高电平时，电源不工作；当绿线为低电平时，电源工作，输出各路供电。绿线就是一个控制信号 PSON#。

在主板线路中，一般线路比较粗的为供电或者地线，比较细的为信号，如图 1-110 所示。

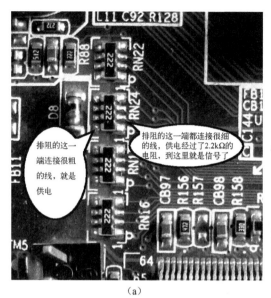 

（a） （b）

图 1-110　供电与信号线

▷▷▷ 1.3.2　开启（EN）信号

开启信号就是控制芯片工作的信号，简称 EN，即 ENABLE 的缩写。常见开启信号都是高电平时开启电路工作，低电平时关闭电路（见图 1-111）。在有的芯片上，开启信号也叫作 SHDN#，即 SHUTDOWN，带#号表示低电平有效，它的意思是低电平时关闭，那么要开启就必须为高电平。

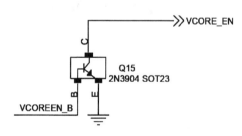

图 1-111　EN 信号电路

EN 信号常见的名字有 EN、ENLL、DVD、VR_Enable、OUTEN、ENABLE、SHDN#、VCORE_EN、VRM_EN、VTT_PWRGD、VRD_EN 等。

▷▷▷ 1.3.3　电源好（PG）信号

电源好信号的英文为 POWERGOOD，缩写为 PG。电源好信号是用来描述供电正常的信号，一般为高电平时表示供电正常。比如，ATX 电源使用灰色线作为电源好信号（ATXPWROK），灰色线被设计为通电后延时几百毫秒变化为高电平，表示电源供电正常。又如，CPU 供电管理芯片在正常发出 CPU 电压后，会发出电源好信号 VRMPWRGD 给南桥芯片，表示电源管理芯片工作正常。

主板上 ATX 电源灰线发出高电平 ATXPWROK 信号和电源芯片发出的 VRMPWRGD 信号，都会送给南桥芯片表示相应的供电已正常，南桥芯片在接收到电源好信号后发出 CPUPWRGD 给 CPU，再产生复位信号复位整个主板各个设备。

PG 信号常见的名字有 PG、PWRGD、PWROK、ATXPWRGD、VTTPWRGD、CPUPWRGD、VR_RDY、VRM_PWROK、VRM_PWRGD 等，如图 1-112 所示。

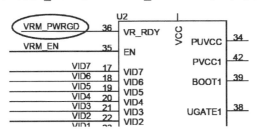

图 1-112　电源好信号

▷▷▷ 1.3.4　时钟（CLK）信号

时钟信号 CLK（CLOCK 的简写）是数字电路工作的基准，可以使各个相连的设备统一步调工作。时钟信号的基本单位是 Hz（赫兹）。在主板上都有一个主时钟产生电路，这个电路的作用就是给主板上所有设备提供时钟信号。不同的设备，时钟电路会送出不同的时钟信号，如送给 CPU 的时钟信号频率是 100MHz 以上，送给 PCI 设备的时钟信号频率是 33MHz，送给 PCI-E 设备的时钟信号频率是 100MHz，送给 USB 控制器（集成在南桥芯片内部）的时钟信号频率是 48MHz。CPU、PCI、PCI-E 等的时钟信号需要在主板正常通电后，并且时钟芯片正常工作时才能用示波器测量到。

主板要求相连的两个设备必须有相同频率的时钟信号和电压才能通信，比如内存和北桥芯片，都需要同样的时钟信号和电压，它们才能正常传输信号。

▷▷▷ 1.3.5　复位（RST）信号

复位 RST（RESET 的简写）就是重新开始的意思。现在主板上的设备复位信号都是从高电平向低电平跳变再回到高电平。例如，PCI 的复位信号是从 3.3V 向 0V 跳变再回到 3.3V，这就是一个正常的复位跳变过程。复位信号一般表示为***RST#，如 PCIRST#、CPURST#、IDERST#等。复位信号只能是瞬间低电平，主板正常工作时复位信号都是高电平。

平时所说的没复位，通常是指没复位电压，即复位信号测量点的电压为 0V。

▷▷▷ 1.3.6　主板上常见信号名称解释

主板上常见信号名称解释见表 1-3。

表 1-3　主板上常见信号名称解释

名　　称	解　　释
MB	主板（Mother Board/Main Board）
CPU	中央处理器（Central Processing Unit）
PCI	外设部件互连标准（Peripheral Component Interconnect）
USB	通用串行总线（Universal Serial Bus）
DDR	双倍数据速率（Double Data Rate）
SATA	串行高级技术附件（Serial Advanced Technology Attachment）
VCC、VDD	供电
GND、VSS	接地
5VSB	5V 待机电压，是 ATX 电源的紫线，插 220V 即产生。SB 即 Stand By
3VSB	为桥芯片内部的 ACPI 控制器或 PCI 设备提供电源，为 3.3V，由 5VSB 转换而来
VBAT	电池电压 3V 经过二极管后生产的供电，等同于 RTCVCC、VCCRTC、3V_BAT
VCC3、VCC、VCC12	3.3V，5V，12V
VCORE、VCCP、CPU_VDD	CPU 的核心供电
VTT	总线终结电压，用于稳定总线上的信号
VTT_CPU	
VTT_GMCH	Intel 平台的前端总线供电，一般为 1.2V
VTT_FSB	
FSB_VTT	
VTT_DDR	内存的总线供电，排阻处测量，为内存主供电的 1/2
VLDT、HT_1.2V	AMD 平台的总线供电，为 1.2V
VCC_VID	CPU 的 VID 电路工作所需电压，为 1.2V。没有此电压，CPU 将无法发出 VID 组合
VDDA2.5	AMD 的 CPU 需要的一个 2.5V 供电。缺少此供电 CPU 不会工作，可能还会导致没有 CPU 供电
5VDUAL/3VDUAL	5V/3V 双路切换供电，待机时从 5VSB/3VSB 供电，通电后从 VCC5/VCC3 供电
BOOT、BST	启动脚，自举升压
FSB	前端总线（Front Side Bus），连接 Intel 的 CPU 和北桥芯片，新款主板更名为 QPI
DMI、HUBLINK	连接 Intel 的北桥芯片和南桥芯片的总线
LPC	Low Pin Count，I/O 芯片和南桥芯片连接的总线
CLK	时钟信号，CLOCK 的缩写
RST#	复位信号，RESET#的缩写
PG、POK、PWRGD、PWROK	POWER GOOD，电源好，不带#表示高电平有效，带#表示低电平有效
EN	ENABLE 的缩写，不带#表示高电平时开启
SHDN#	SHUTDOWN 的缩写，带#表示低电平时关闭
RTCRST#	Real Time Clock RESET#，实时时钟复位。通往南桥。拉低此信号将清除 CMOS

续表

名　　称	解　　释
RSMRST#	Resume Well Reset，用来重新设置 ACPI 控制器，复位南桥芯片的睡眠唤醒逻辑。RSMRST#信号也可以理解为用来通知南桥芯片待机电压正常的信号，有的芯片组叫 PWRGD_SB、AUXOK
SLP_S3#	南桥芯片发出，进入 S3 待机，S4 休眠、S5 关机状态时为低电平
SLP_S4#	南桥芯片发出，进入 S4 休眠，S5 关机状态时为低电平
SLP_S5#	南桥芯片发出，进入 S5 关机状态时为低电平
PSON#	ATX 电源接口绿色线，低电平时电源开启
PWSW#	Power Switch，一般为前置面板开关
PWRBTN#	电源开关（Power Button）。S5 关机状态时，PWRBTN#低电平唤醒系统；持续 4s 低电平强制进入 S5 状态
VID0-VID5	6 个电压识别脚，高低电平组合，组成一组二进制代码
VTTPWRGD、VIDPWRGD	描述前端总线电源供电正常，一般送往 CPU、VRM、时钟芯片
VRMPWRGD	电源管理器正常产生 VCORE 后，发往南桥芯片的一个电源好信号，告诉南桥芯片 VCORE 电压正常
ATXPWROK	电源好，是 ATX 电源灰线。经过电路转化后送往南桥芯片和北桥芯片，完成自动复位
PLTRST#	Intel 南桥芯片发出整个平台的复位信号，低电平被复位，正常工作时为 3.3V
A_RST#	AMD 芯片组南桥芯片发出的平台复位信号，正常工作时为 3.3V
PCIRST#	PCI 复位信号（PCI Reset），低电平被复位，正常工作时为 3.3V
CPURST#	CPU 复位信号，北桥芯片发往 CPU，正常工作时为高电平
APU_RST#	AMD 芯片组发给 FM1 的 CPU 的一个信号，就是假负载上复位
CPUPWRGD	CPU 电压正常，Intel 芯片组通常为南桥芯片发给 CPU，nVIDIA、SIS 芯片组为北桥芯片发给 CPU
LDT_PG	AMD 芯片组南桥芯片发给 CPU 的一个信号，就是假负载上的 PG
APU_PG	AMD 芯片组发给 FM1 的 CPU 的一个信号，就是假负载上的 PG
IDERST#	IDE 设备复位信号，正常工作时为 5V
SUSA#	常见于 VIA 芯片组，相当于 Intel 芯片组的 SLP_S3#/SLP_S4#/SLP_S5#
SUSB#	
SUSC#	
ADDRESS	地址线，简写 A
DATA	数据线，简写 D
VREF	基准电压、参考电压
HSYNC	行同步
VSYNC	场同步
FRAME	帧信号

续表

名　称	解　释
SMBCLK/SMBDATA	系统管理总线（System Management Bus）的时钟和数据
SPI	串行外设接口（Serial Peripheral Interface）
FB	反馈
DRV	驱动，HDRV 高端驱动，LDRV 低端驱动
PHASE	相位
ISEN	电流检测 I Sense
VSEN	电压检测 V Sense
OCSET	过流检测（Over Current Set）
CPUVDD_EN	AMD 平台 CPU 供电开启信号
HTVDD_EN	AMD 平台总线供电开启信号
MEM_VLD	nVIDIA 芯片组，SLP_S5#控制产生内存供电后，返回给桥的内存供电 PG 信号
CPU_VLD	nVIDIA 芯片组 CPU 供电正常的 PG 信号，与 Intel 平台的 VRMPWRGD 一样
HT_VLD	nVIDIA 芯片组 HT 总线供电正常的 PG 信号，与 Intel 平台的 VTTPWRGD 一样
SUS	挂起，Suspend 的简写
VCCDSW3_3	主板给桥提供的深度休眠/关机唤醒电源，为 3.3V
DPWROK	主板给桥的 3.3V 高电平，表示 VCCDSW3_3 的电源好
SLP_SUS#	深度休眠/关机状态指示信号，可用于开启 S5 状态的电压，比如 VCCSUS3_3
SLP_LAN#	LAN 子系统休眠控制，控制软网卡供电，与 SLP_A#时序同步
VCCASW	ME 模块的 1.05V 供电（即实现 AMT 功能的供电）
APWROK	ME 模块电源好，为 3.3V。开启 AMT 功能时，APWROK 由 AMT 控制；关闭 AMT 功能时，APWROK 与 PWROK 同步
DRAMPWRGD	桥发给 CPU 的 PG，通知 CPU、内存模块供电正常
PROCPWRGD	桥发给 CPU 的 PG，表示 CPU 的核心电压正常
SYS_PWROK	由 CPU 的电源管理芯片发给桥的 3.3V 高电平，等同于 VRMPWRGD

1.4　主板图纸及点位图查看方法

▷▷▷ 1.4.1　电路图查看及软件使用方法

1．电路图介绍

电路图（Circuit Diagram）是用图形符号并按工作顺序排列，详细表示电路、设备或成套装置的全部基本组成和连接关系，而不考虑其实际位置的一种简图，目的是便于详细理解电路的工作原理，分析和计算电路特性。

简单地说，电路图是人们为了研究和工程的需要，用约定的符号绘制的一种表示电路结构的图形。通过电路图可以知道实际电路的情况。这样，我们在分析电路时，就不必把实物翻来覆去地琢磨，而只要拿着一张图纸就可以了。

主板电路图的文件格式为一般 PDF，通常有 30～50 页。要打开必须使用 PDF 阅读器，以 Adobe 和福昕阅读器使用的人群最多。在网络上都能找到各种各样的 PDF 阅读器，使用方法大同小异。

打开每张主板的电路图后，在右下角都有工厂的名字、本张电路图的内容说明、页码、日期、版本等信息，如图 1-113 所示。

MSI	MICRO-STAR INT'L CO.,LTD		
	MS-7B73		
Size Custom	Document　Description **Block Diagram**		Rev 10
Date: Friday, October 13, 2017		Sheet　2　of　67	

图 1-113　电路图信息

电路图第 1 页一般是主板图纸的目录（见图 1-114），标明图纸每一页内容及主板芯片组情况及插槽数等，方便使用者快速查看。

Cover Sheet, Block diagram	1-2
Intel LGA775 CPU - Signals/ Power/ GND	3-5
Intel Eaglelake - FSB, PCIE, DMI, VGA, MSIC	6
Intel Eaglelake - Memory DDR2	7
Intel Eaglelake - Power / GND	8-9
ICH10 - PCI, USB, DMI, PCIE	10
ICH10 - Host, DMI, SATA, Audio, SPI, RTC, MSIC	11
ICH10 - Power, GND	12
DDR2 Chanel-A / Chanel-B	13-14
Clock Gen ICS9LPRS113	15
Super I/O Fintek F71889	16
SATA / FAN Control	17
LAN-RTL8111DL(PCIE)	18
Audio Codec RTL889	19
PCIE x16, x1	20
PCI Slot 1 & 2	21
1394 Controller - VIA 6315	22
JMB-368 IDE X1	23
Onboard VGA	24
USB Connectors	25
System Power/ACPI Controller UPI	26
DDR2 / NB-Core Switching Power	27
VRD 11.1 - (3Phases)	28
DVI&HDMI	29
ATX F_Panel/EMI/TPM	30
Manual & Option Parts	31
Reset & PWROK map	32
Revision History	33
GPIO Setting / PCI Routing/ Power Delivery	34-35

MS-7609　uATX Version:1.0

CPU:　Intel Pentium 4, Pentium D, Core2 Duo, Wolfdale, Kentsfield and Yorkfield processors in LGA775 Package.

System Chipset:
　Intel Eaglelake - G43/45 (North Bridge)
　Intel ICH10/10R (South Bridge)

On Board Device:
　CLOCK Gen － ICS 9LPRS113A
　LPC Super I/O -- Fintek F71889F
　LAN － Realtek 8111DL/8103E(PCIE)
　HD Audio Codec － RTL889/RTL888
　1394 Controller － VIA 6315N
　PCIE to PATA － JMB368

Main Memory:
　Dual-channel DDR-II * 4

Expansion Slots:
　PCI EXPRESS X16 SLOT *1
　PCI EXPRESS X1 SLOT * 1
　PCI SLOT * 2

PWM:　UPI 6206

图 1-114　主板图纸目录

第 2 页为主板电路架构图，用于描述各芯片之间的连接和管理关系，如图 1-115 所示。

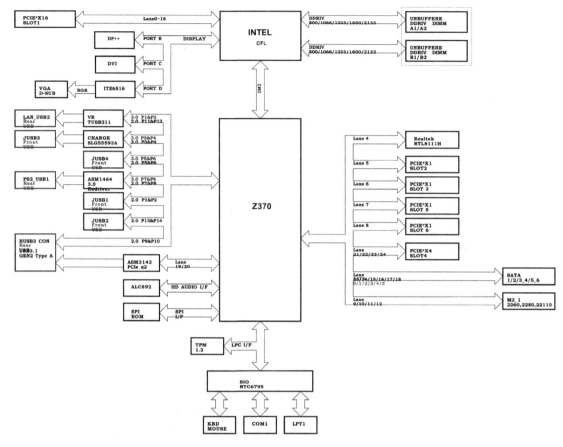

图 1-115　主板电路架构图

　　第 3 页开始是分拆各个部分电路。例如，CPU 的电路比较多，一张图纸画不下，需要将 CPU 分为 U6A（第 3 页）、U6B（第 4 页）等。U6A 表示 CPU 插座的第一页面，如图 1-116 所示。

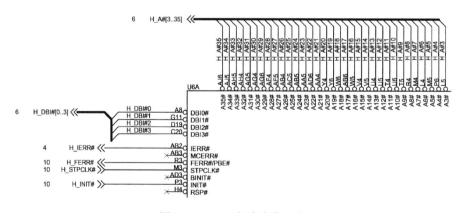

图 1-116　CPU 插座脚位分布

2．信号说明

以图 1-117 为例说明电路图中信号的表示。A8、G11 等表示 CPU 插座的脚位号。DBI0#、DBI1#、DBI2#表示 CPU 插座的数据线 0、1、2。信号名字为 H_INIT#，旁边有数字，10 表示这个信号连接到了第 10 页。H4 引脚前面的×表示没有采用这个信号。

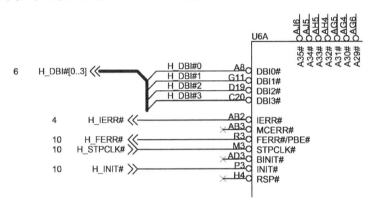

图 1-117　H_DBI#[0..3]连接

图 1-117 所示的 H_DBI#[0..3]并不是实际连接在一起，只是为了方便阅览将这些同类信号画在一起。此信号到第 6 页后会展开成独立的 4 个信号，如图 1-118 所示。

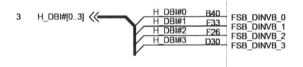

图 1-118　H_DBI#[0..3]分开

3．线路交叉和相连

其实在电路图中交叉的线不一定相连，新手在看图时看到一些导线是交叉在一起，但别人又说这个是相通的，另一个是不相通的，总会把自己都搞得很乱。交叉并且相连的线在中间有一个实心点，如果交叉不相连的一般是交叉点没有实心点，如图 1-119 所示。

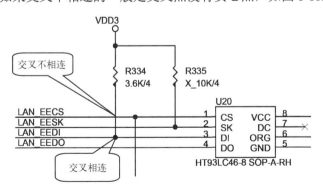

图 1-119　信号线交叉连接

4．常见元器件符号

（1）电阻

电阻图形符号及参数如图 1-120 所示，表示位置号为 R4 的电阻，阻值为 10Ω。

（2）排阻

排阻图形符号如图 1-121 所示：RN45 表示排阻位置号；8P4R 表示排阻有 8 个引脚，内部包含 4 个独立电阻；10KR 表示每个电阻阻值为 10kΩ。

图 1-120　电阻图形符号举例　　　　图 1-121　排阻图形符号举例

（3）电容

电容的图形符号如图 1-122 和图 1-123 所示。图 1-122 中，EC45 表示电容位置号，电容有一脚接地表示电容为滤波电容，1000U 表示电容容量，6V3 表示电容耐压。图 1-123 中，C423 和 C458 为电容位置号，电容串联在信号线中表示电容为耦合电容，C0.1u 表示电容容量为 0.1μF，16 表示电容耐压为 16V，0402 表示电容封装。

图 1-122　滤波电容举例　　　　　　图 1-123　耦合电容举例

（4）电感

电感图形符号如图 1-124 所示。

（a）贴片电感　　　　　　　　　　（b）电感线圈

图 1-124　电感图形符号举例

（5）二极管

二极管分为普通二极管、肖特基二极管和钳位二极管，电路图形符号如图 1-125 所示。

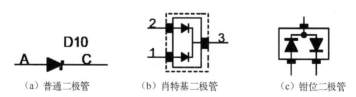

（a）普通二极管　　　　（b）肖特基二极管　　　　（c）钳位二极管

图 1-125　二极管图形符号举例

（6）稳压器

主板常用稳压器有低压差性线稳压器和精密稳压器，电路图形符号如图 1-126 所示。

（a）低压差性线稳压器 1117　　　　（b）精密稳压器 431

图 1-126　稳压器电路图形符号举例

（7）晶振

晶振电路图形符号如图 1-127 所示，X7 表示第 7 个晶振，X-32.768K 表示晶振频率为 32.768kHz。

（8）三极管

三极管电路图形符号如图 1-128 所示，图（a）箭头向外表示为 NPN 三极管，图（b）箭头向内表示为 PNP 三极管。

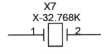

图 1-127　晶振电路图形符号

（9）MOS 管

在使用中，MOS 管常用的有 N 沟道和 P 沟道两种，电路图形符号如图 1-129 所示。

（a）NPN 三极管　　（b）PNP 三极管

图 1-128　三极管电路图形符号

（a）N 沟道 MOS 管　　（b）P 沟道 MOS 管

图 1-129　MOS 管电路图形符号

（10）运算放大器

LM358、LM324 等器件就属于运算放大器，在主板上用于控制 MOS 管降压得到相应供电，电路图形符号如图 1-130 所示。

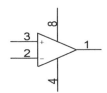

图 1-130　运算放大器电路图形符号

（11）门电路

主板上常用的门电路有非门、与门和或门，电路图形符号分别如图 1-131～图 1-133 所示。

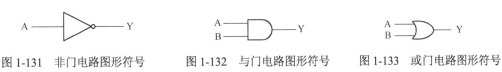

图 1-131　非门电路图形符号　　　　图 1-132　与门电路图形符号　　　　图 1-133　或门电路图形符号

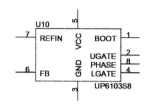

图 1-134　芯片电路图形符号举例

（12）芯片

主板上除基本电子元器件外，还有芯片，如内存供电芯片、电源管理芯片等。这些芯片一般用方形表示，并有引出脚，用英文标识引脚定义，如图 1-134 所示。

5．不装元器件表示方法

型号相同而版本不一样的主板，元器件也会不相同，有部分元器件不装或多装。而工厂为了辨别装还是不装一般在电路图中用一些符号表示，常见表示方法见表 1-4。

表 1-4　常见不装元器件符号

厂　　家	标　　识	举　　例
技嘉	/X	R316 0/4/X
微星	X	R370　　X_0R/4
精英	-O	R199　　1K-04-O 1 2
富士康	Dummy	R589 ★ 10K +/-1% Dummy
其他常见	NI、NC、@、NS	

6．低电平有效信号的表示方法

主板上有很多信号是低电平有效的，为了方便描述，低电平一般采用以下几种方法表示。

① 信号后面带#号，如 H_ADS#。

② 信号前面带下画线，如 _FWHWP。

③ 信号后面带 L 字母，如 SLP3_L。

④ 信号线上画有圆圈，如 _AB2。

▷▷▷ **1.4.2　华硕（ASUS）主板点位图使用方法一（旧版本）**

1．点位图介绍

点位图是主板上元器件的位置图，用于描述主板元器件位置及元器件参数，方便工作人员查找相应元器件位置，提高维修效率，所以学会查点位图也是学习主板维修的一个重点。维修中，ASUS 主板大部分都能找到相应点位图。

2．点位图软件的安装

TSICT 点位图软件是一个绿色版软件，直接运行而不需要安装。提醒一下，TSICT.exe 程序和 tsict.inf 文件必须要在同一个文件夹下才能运行程序，如图 1-135 所示。

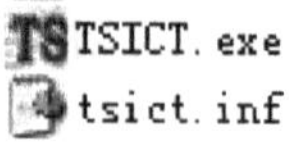

TS TSICT.exe
tsict.inf

图 1-135　TSICT 程序文件

直接双击 TSICT.exe 就可运行程序，单击"机型"主菜单加载所要打开的点位图文件，如图 1-136 所示。

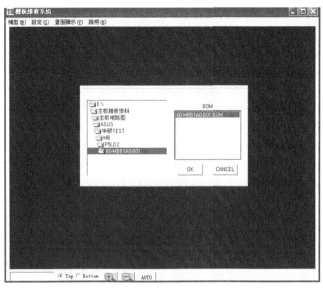

图 1-136　选择所要打开的点位图文件

先单击对应"主板型号"选择主板对应条形码，再单击 BOM 框中的元器件库，最后单击 OK 按钮加载点位图文件。图 1-137 所示为加载的 P5LD2 主板点位图。

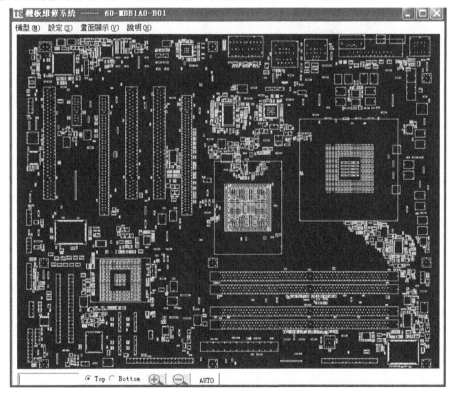

图 1-137　P5LD2 主板点位图

3．工具说明

在窗口左下角有一个工具栏，包含查找框、显示顶部和显示底部的切换选定单选项、放大按钮、缩小按钮、自动大小按钮，如图 1-138 所示。

图 1-138　工具栏说明

4．元器件查找方法

第 1 步　在窗口左下角输入栏中输入相应元器件的位置号，如图 1-139 所示。

图 1-139　元器件查找栏

第 2 步　按回车键后窗口中显示电阻 R100，电阻颜色为红色，单击电阻 R100 后，放大就能清楚看到电阻 R100 的位置，如图 1-140 所示。

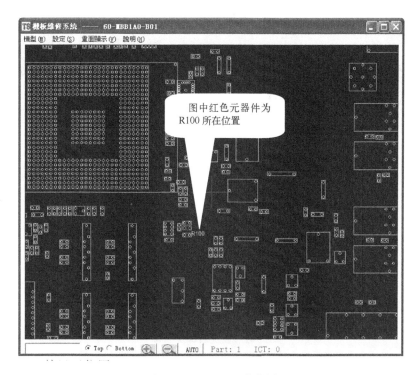

图 1-140　显示元器件位置

　　如果加载了元器件库，把鼠标放置到相应元器件上时，在左上角或者右上角同时显示元器件相应参数（见图 1-141）。

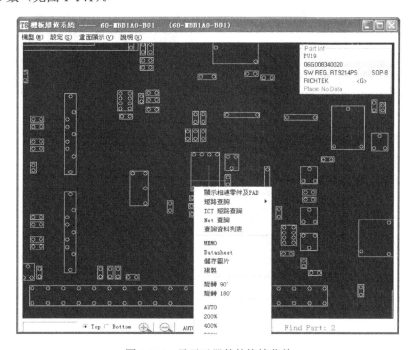

图 1-141　显示元器件的快捷菜单

5．信号查找方法

第 1 步 在点位图任何位置单击鼠标右键，显示相应菜单，如图 1-142 所示。

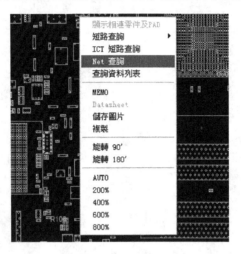

图 1-142 鼠标右键快捷菜单

第 2 步 选择"Net 查询"显示查找框，并输入查找信号名称，如图 1-143 所示。

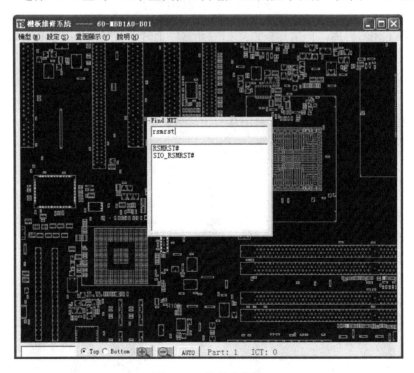

图 1-143 信号查找框

第 3 步 单击相对信号名称，窗口中会以红色显示信号所连接元器件，放大后蓝色的为相连点，如图 1-144 所示。

图 1-144　信号相连元器件显示图

6. 相连点查找方法

第 1 步　选定元器件脚位后单击放大到看见元器件脚，然后把鼠标放到元器件脚上右击鼠标，显示快捷菜单，见图 1-141 所示。

第 2 步　选择"显示相连零件及 PAD"，图中显示红色的相连元器件，而蓝色的为相连点，如图 1-145 所示。

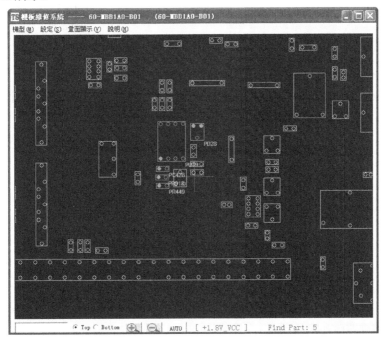

图 1-145　元器件相连位置图

▷▷▷ 1.4.3 华硕（ASUS）主板点位图使用方法二（新版本）

1. 点位图查看程序介绍

从 G31 型号主板以后，华硕主板开始放弃旧版点位图程序，改用新版点位图程序 PCBRepair Tool，如图 1-146 所示。新版点位图程序比旧版点位图程序使用更方便，更容易操作。

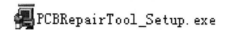

图 1-146 ASUS 新版点位图程序

2. 点位图查看程序 PCBRepair Tool 的安装

第 1 步 将计算机系统时间改为 2011 年。

第 2 步 双击 PCBRepairTool_Setup.exe 运行安装程序，运行后如图 1-147 所示。

图 1-147 安装程序运行界面

第 3 步 程序安装路径默认，单击 Install 进行安装，然后如图 1-148 所示提示安装完毕，单击 OK 按钮。若使用 Windows 8 系统，安装时要重新指定安装目录，才可以安装成功。

图 1-148 程序安装完毕提示

第 4 步 直接双击相对应主板点位图程序源打开点位图。打开后的 ASUS P8H67-M PRO 主板点位图如图 1-149 所示。

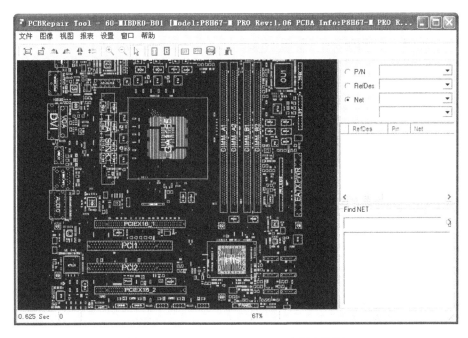

图 1-149　ASUS P8H67-M PRO 主板点位图

3．常用工具栏说明

工具栏在操作窗口的上方，里面有相应工具按钮，具体如图 1-150 所示。

图 1-150　工具栏按钮说明

4．查找栏

查找栏位于窗口的右侧，用于查找信号、元器件等。如图 1-151 所示，选中 RefDes 选项后，再单击右边下拉三角形，就会显示出主板上的元器件位号。如图 1-152 所示，选中 Net 选项后，再单击右边下拉三角形，就会显示出主板上的供电名称。

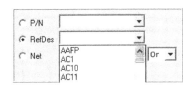　　　　

图 1-151　RefDes 选项图　　　　　　　图 1-152　Net 选项图

在窗口的右下角有一个信号查找栏，在输入框内输入需要查找的信号，再单击右边的 Search 按钮就会显示相应的信号，如图 1-153 所示。

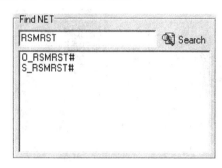

图 1-153　信号查找栏图

5．元器件的查找方法

在此以 ASUS P8H67-M PRO 为例进行元器件查找演示。

第1步　双击 P8H67-M PRO 点位图程序源，打开点位图程序，如图 1-149 所示。

第2步　在查找栏选中 RefDes 选项，在右边输入框内输入 PR15 电阻位置号，下拉列表中就会显示出带 PR15 的元器件，如图 1-154 所示。

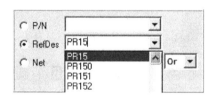

图 1-154　查找栏内容

双击 PR15 在左边窗口就会看到一个变为橙色的电阻就是 PR15，同时在查找栏下面的窗口中会显示 PR15 的参数，如图 1-155 所示。

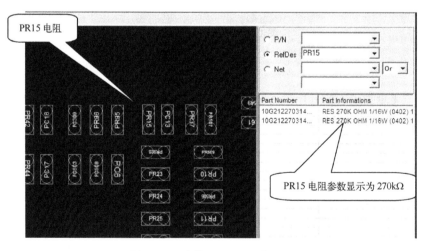

图 1-155　查找 PR15 显示效果图

6. 信号及相连点查找方法

在此以 ASUS P8H67-M PRO 为例进行信号查找演示。

第 1 步　双击 P8H67-M PRO 点位图程序源，打开点位图程序，如图 1-149 所示。

第 2 步　在窗口右下角的信号查找栏输入框中输入需要查找的信号，然后单击 Search 按钮，就会显示出所查找信号，如图 1-156 所示。

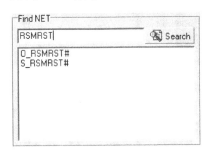

图 1-156　信号查找演示图

第 3 步　单击相对应信号名称，在窗口点位图中就会显示出此信号的相关连接点，并且连接到的元器件会变红色。使用鼠标滚动轮在相对应元器件上放大后，显示蓝色的为相连点。同时在信号查找栏的上方会显示所连接元器件脚位及参数，如图 1-157 所示。

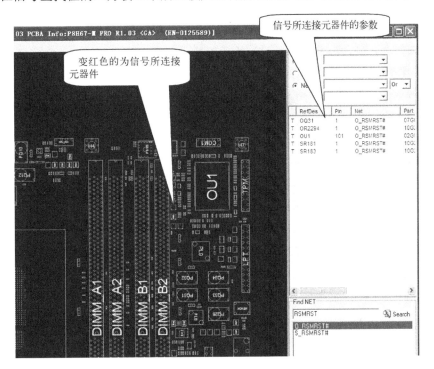

图 1-157　信号查找效果图

第 4 步　需要查找一个元器件脚相接到什么元器件上去，只要在元器件上放大，然后右击相应脚位，选择显示有相同 Net 的零件。如果有相连元器件就会变红色，在相应位置放大后蓝色的为相连点（见图1-158）。

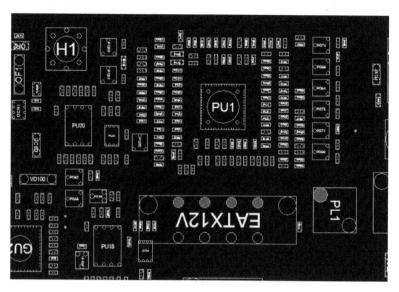

图 1-158 相连点效果图

▷▷▷ 1.4.4 使用通用点位图软件 BoardViewer 打开华硕点位图的方法

如图 1-159 所示，这款通用点位图软件名为 BoardViewer，是国外的一位维修同行编写的。可以兼容包含华硕在内的大多数笔记本电脑的点位图文件，也可以兼容华硕台式主板的点位图文件。程序是绿色版，可以在迅维网 www.chinafix.com 下载后直接双击打开。

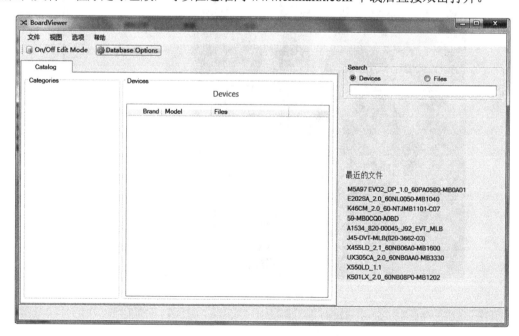

图 1-159 通用点位图软件 BoardViewer

直接把点位图数据文件拖进程序界面即可打开，也可以使用程序自身菜单中"文件"—"打开"，然后选择相应的点位图数据文件，如图 1-160 所示。

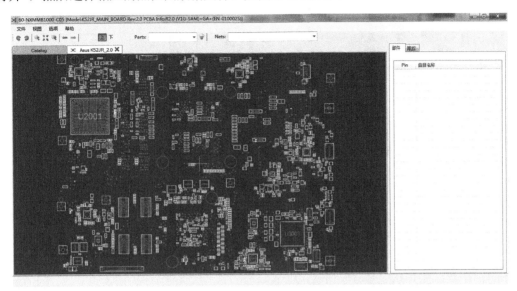

图 1-160　打开点位图

鼠标移动到 PCB 位置，滚动鼠标滚轮可以放大缩小，操作非常方便。鼠标单击某个元器件，窗口右边会显示此元器件的位置号、型号、引脚定义等参数，如图 1-161 所示。鼠标左键按住即可拖动点位图。

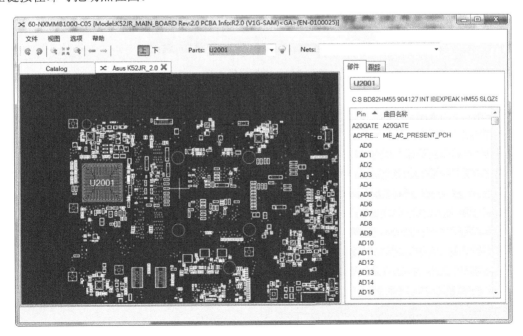

图 1-161　显示元器件参数

放大画面后，点击元器件引脚，会显示这个信号连接到的所有点，在 Nets 框中也会描黄显示信号名称，如图 1-162 所示。

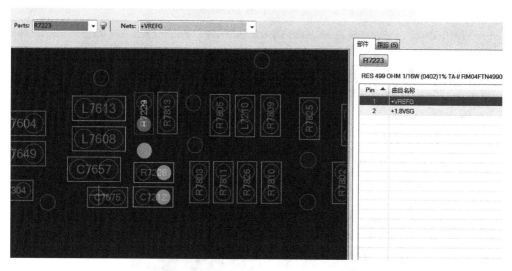

图 1-162　信号连接点

　　相比华硕自家的点位图软件，笔者认为这款通用点位图非常有优势。不仅是操作上更人性化，在 Nets 框中输入信号名称同样支持模糊查找，如图 1-163 所示。

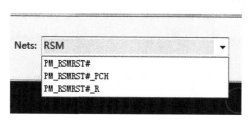

图 1-163　支持模糊查找

▷▷▷ 1.4.5　微星（MSI）主板点位图使用方法

1. 点位图程序安装

　　微星主板点位图查看软件是 IGE 程序。IGE 是一个直接运行的程序，使用时要和 IGE.DLL 文件在一个目录下，如图 1-164 所示。

图 1-164　IGE 程序和文件

　　直接双击就可以运行程序，程序运行后的界面如图 1-165 所示。

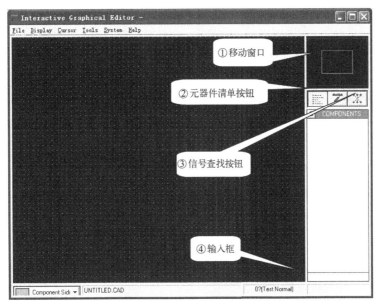

图 1-165　IGE 程序按钮说明

2．工具说明

在窗口的右边有一个选择及查找工具栏，上面有相应工具按钮，如图 1-165 所示。

① 窗口：在窗口中的不同位置单击，就可以在窗口中显示主板不同位置的元器件。

② 元器件清单按钮：单击后可以查找相应元器件。

③ 信号查找按钮：单击后可以查找相应信号。

④ 输入框：查找元器件或者信号时输入信息用。

3．元器件查找方法

第 1 步　单击 File 主菜单，如图 1-166 所示。

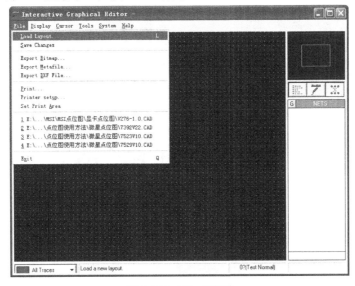

图 1-166　File 主菜单

第 2 步 单击 Load Layout 查找点位图程序源位置，如图 1-167 所示。

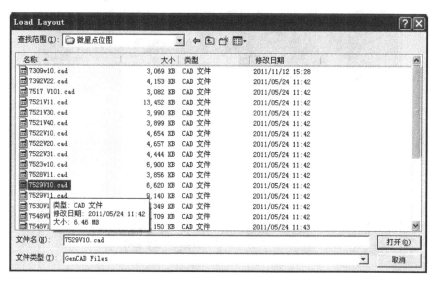

图 1-167 选择程序源

第 3 步 选择好程序源后单击"打开"按钮加载程序源，如图 1-168 所示。

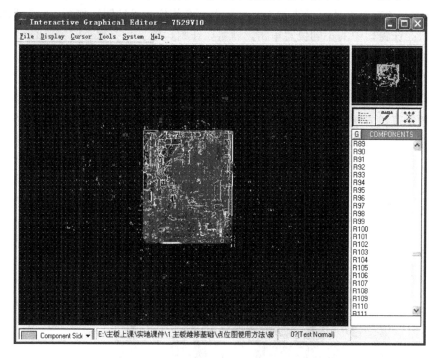

图 1-168 程序源加载效果图

第 4 步 单击元器件清单按钮，在查找框中输入查找元器件位置号 R110，如图 1-169 所示。

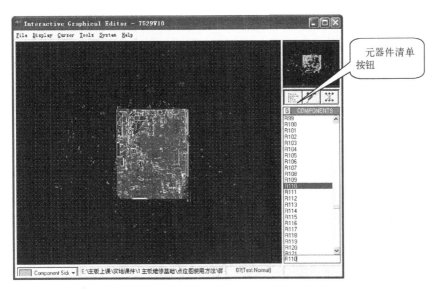

图 1-169　元器件查找输入效果

第 5 步　双击 R110 元器件位号，然后鼠标会直接指示到 R110 位置上，并且电阻 R110 位置会显示白色，如图 1-170 所示。

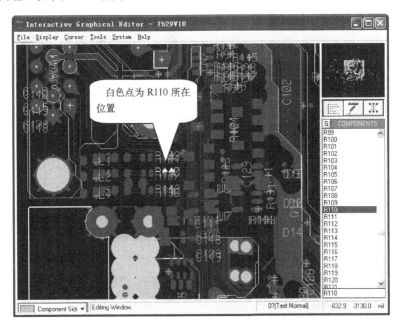

图 1-170　元器件显示效果图

4. 信号查找方法

第 1 步　单击信号查找按钮，如图 1-171 所示。

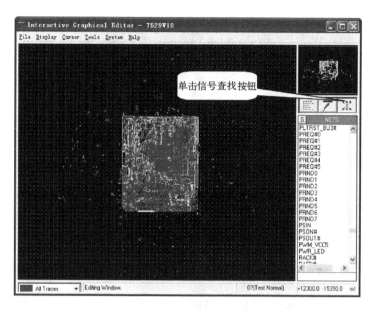

图 1-171　信号查找按钮

第 2 步　在输入框中输入需要查找的信号名称，本例输入 RSMRST，如图 1-172 所示。

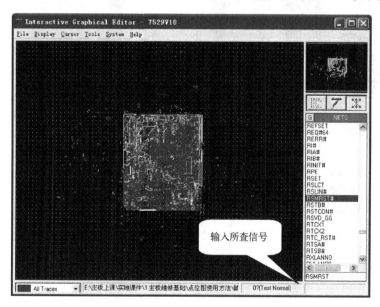

图 1-172　信号输入框

第 3 步　双击所查信号对应名称，在窗口中就会有条闪白色的线，就是信号走线，如图 1-173 所示。

图 1-173　信号走线效果图

5．相连点查找方法

如果要查找引脚相连位置，可在元器件位置上右击，然后相连线路会变白色在闪，如图 1-174 所示，再次右击就会消失。

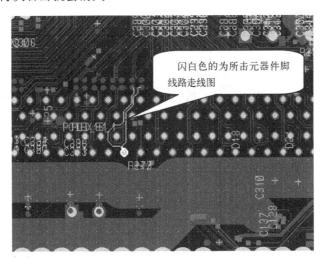

图 1-174　线路走线

▷▷▷ **1.4.6　技嘉（GIGABYTE）主板点位图使用方法**

1．点位图查看软件介绍

技嘉主板点位图打开软件是 Academi，运行程序是 fabview.exe，如图 1-175 所示。

图 1-175　Academi 点位图软件及运行程序

2．点位图软件安装

第 1 步　双击图 1-175 所示运行程序图标运行程序，之后出现图 1-176 所示程序运行界面。

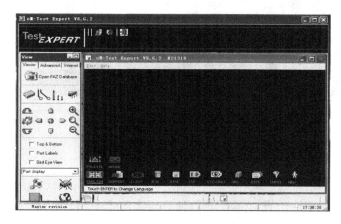

图 1-176　程序运行界面

第 2 步　单击 [Open FAZ Database] 按钮，查找程序源所在位置，如图 1-177 所示。

图 1-177　查找点位图程序源界面

第 3 步　选择对应程序源后单击"打开"按钮，加载程序源显示主板元器件，如图 1-178 所示。

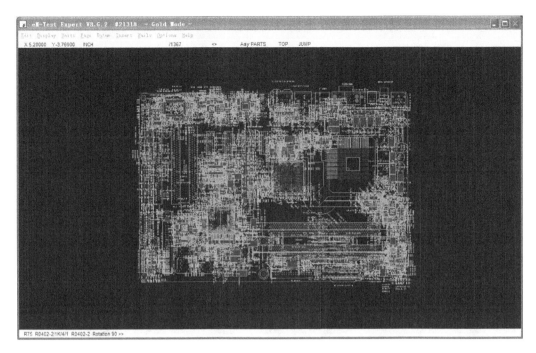

图 1-178　点位图程序源加载界面

第 4 步　按 P 键显示如图 1-179 所示窗口。

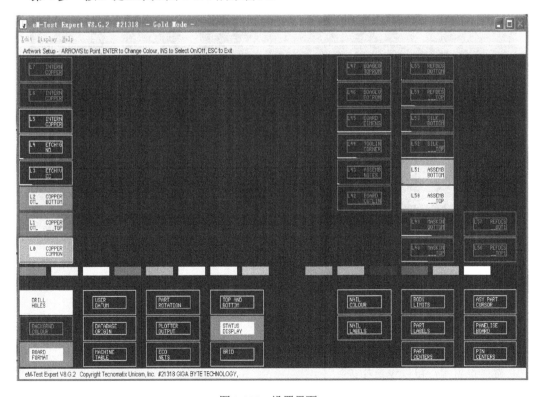

图 1-179　设置界面一

第5步 把鼠标放到 L51、L50 上面单击鼠标右键，去掉绿色和橙色，如图 1-180 所示。

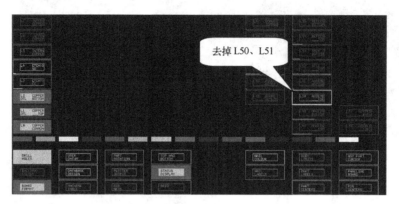

图 1-180 设置界面二

第6步 单击 Edit→Escape Esc 退出设置，显示会更清晰，如图 1-181 所示。

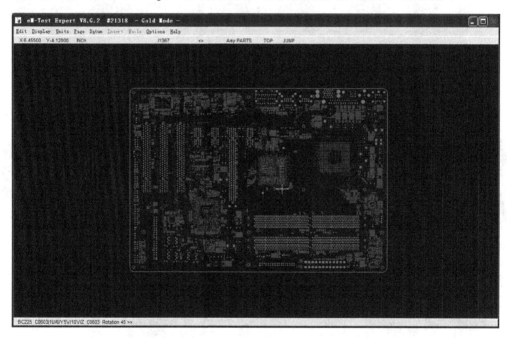

图 1-181 设置后效果图

3. 功能按键说明

T 键：显示正面，正面预设为蓝色。

B 键：显示反面，反面预设为红色。

P 键：设置键，可以设置相关颜色。

4．元器件查找方法

第 1 步　单击元器件搜索按钮，弹出元器件搜索对话框，如图 1-182 所示。

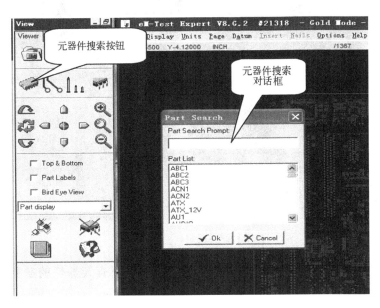

图 1-182　元器件搜索对话框

第 2 步　在元器件搜索对话框中输入需要查找元器件的位置号，如图 1-183 所示。

图 1-183　元器件位置号输入

第 3 步　选择所要查找元器件相对应位置号，然后单击 OK 按钮，图中显示白色的为所查元器件的位置，如图 1-184 所示。

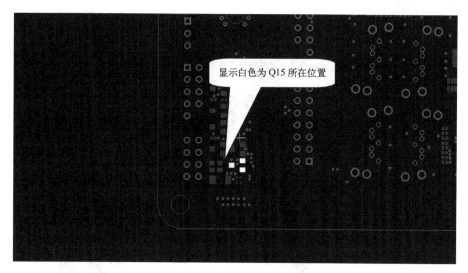

图 1-184　元器件位置显示图

第 4 步　单击相对应元器件，然后在左下角显示所查元器件的参数，如图 1-185 所示。

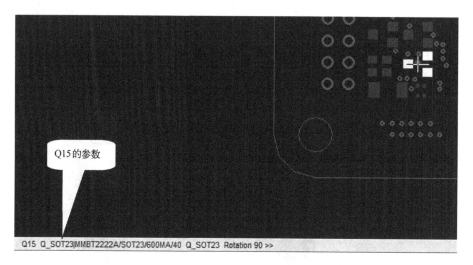

Q15 Q_SOT23|MMBT2222A/SOT23/600MA/40 Q_SOT23 Rotation 90 >>

图 1-185　元器件的参数

5．信号查找方法

第1步　单击图 1-186 所示的网络线路搜索按钮，弹出信号搜索对话框。

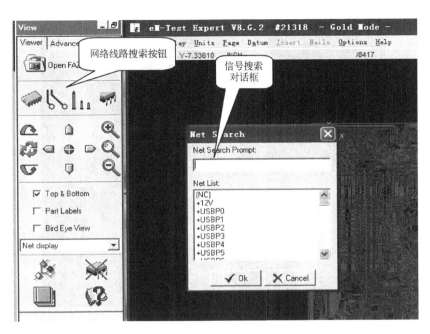

图 1-186　信号搜索对话框

第 2 步　输入需要查找信号的名称，如图 1-187 所示。

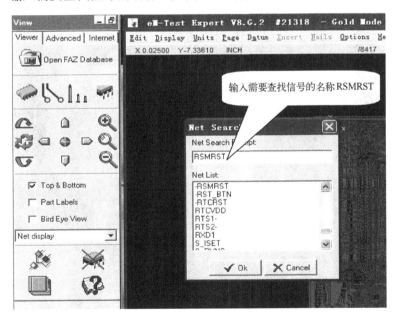

图 1-187　输入需要查找信号的名称

第 3 步　选择对应信号名称后单击 OK 按钮，显示白色的为所搜索信号走线，如图 1-188 所示。

图 1-188　RSMSRT 信号连接线图

6. 相连点查找方法

第 1 步　在元器件脚上右击会以白色线显示相连位置，如图 1-189 所示。

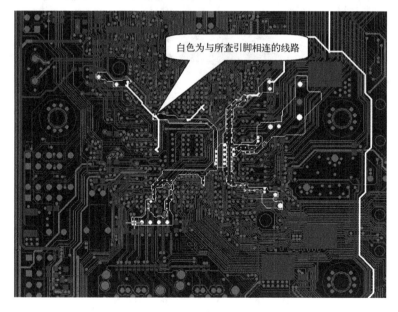

图 1-189　相连点连线图

第 2 步　单击捕捉按钮可以显示下一个连接点或相连接元器件位置，如图 1-190 所示。

第 3 步　单击重置按钮可以清除所有标示线路（见图 1-191）。

图 1-190　捕捉按钮

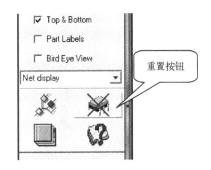

图 1-191　重置按钮

▷▷▷ 1.4.7　元器件位置图简介和作用

元器件位置图（简称位置图）可使用户快速找到相应元器件在主板上的正确位置。计算机主板维修资料中，一般只有技嘉主板有位置图，如图 1-192 所示。

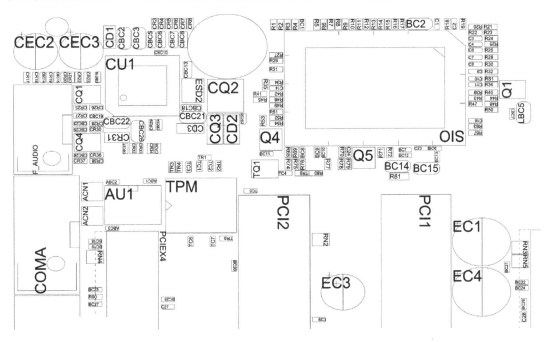

图 1-192　元器件位置图

这种文件是 PDF 格式，直接用 PDF 阅读软件打开后，查看或搜索对应的元器件位置号就可以了，如图 1-193 所示，配合电路图使用还是很方便的。不过也有缺点，那就是不能查找信号。

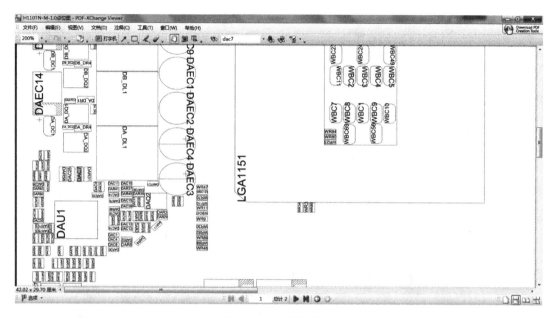

图 1-193　技嘉位置图

▷▷▷ **1.4.8　鑫智造智能终端设备维修查询系统**

鑫智造智能终端设备维修查询系统（以下简称"鑫智造"）拥有电路图、位置图、点位图、维修案例等大量维修资料。下面介绍"鑫智造"在计算机主板维修中的使用。

1. "鑫智造"的注册、安装和使用简介

第 1 步　扫描图 1-194 所示二维码，使用手机号注册用户。

图 1-194　"鑫智造"注册二维码

第 2 步　在网站 http://www.xzmpdf.net 中下载免安装绿色版软件并完全解压缩后打开。

第 3 步　第一次打开"鑫智造"后，登录界面如图 1-195 所示。

图 1-195　"鑫智造"登录界面

第 4 步　登录成功后，进入软件主界面，如图 1-196 所示。

图 1-196　软件主界面

图 1-197 中，文件夹前面带"+"的，可以展开到下一层目录或文件；文件夹前面没有"+"的是空文件夹，以后会上传资源。本系统中的大部分资源永久免费使用；文件夹带

"VIP"的，需要拥有 VIP 权限才能打开。本系统中，计算机主板的资源大多是免费的。

文件搜索功能如图 1-198 所示，输入"7B48"，回车或单击"搜索"按钮，开始查找。

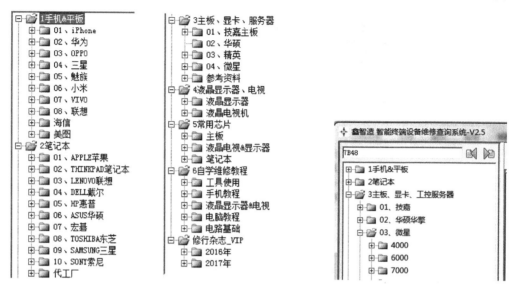

图 1-197　目录界面

图 1-198　文件搜索功能

第 5 步　开始使用。文件浏览界面如图 1-199 所示。在该界面中打开需要查阅的文件，先双击 PDF 文件。最多允许同时打开 4 个 PDF 文件。在 PDF 阅读页面，滚动鼠标滚轮可以快速缩放 PDF 文件，按住键盘 Ctrl 键，同时滚动鼠标滚轮可以向后翻页。

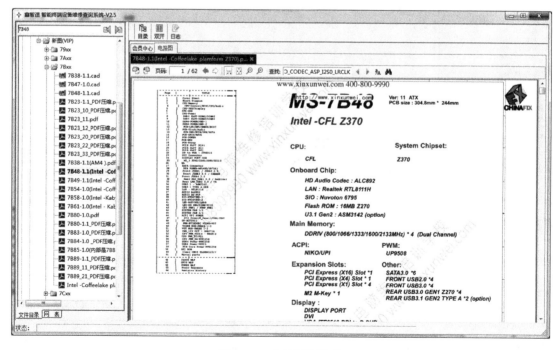

图 1-199　文件浏览界面

在 PDF 文件中，双击信号，信号名会被自动复制粘贴到查找框，如图 1-200 所示。

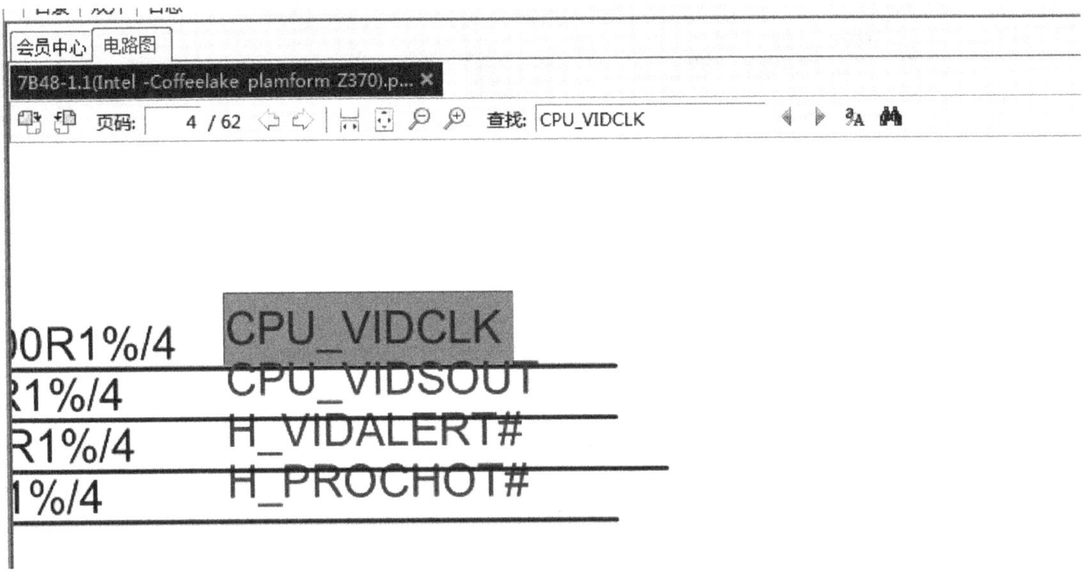

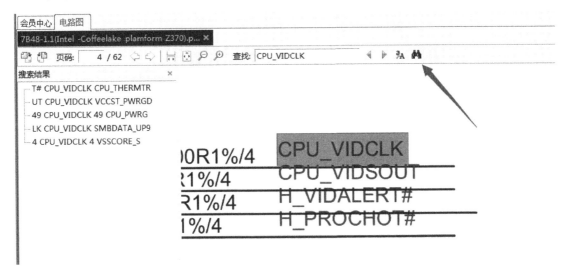

图 1-200　双击信号，信号名会被自动复制粘贴到查找框

单击"望远镜"图标，可以打开高级搜索界面，如图 1-201 所示。

图 1-201　高级搜索界面

鑫智造软件的 PDF 阅读器的其他功能与普通 PDF 阅读器没太大差别，这里不再详细阐述。在鑫智造软件中，查看计算机主板的点位图，是调用的通用点位图软件。建议首次使用，可以打开通用点位图软件的主程序 BoardViewer.exe，然后依次单击"选项"→"文件关联"→"选择所有"→"OK"按钮，如图 1-202 所示。通用点位图软件集成在鑫智造的目录 XZM\Bin\BoardViewer 下。

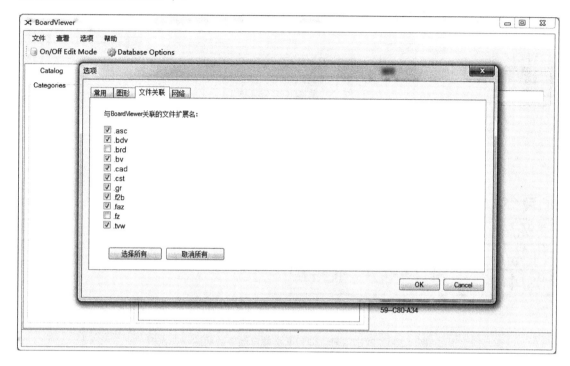

图 1-202　通用点位图设置

1.5　主板维修工具的使用

▷▷▷ 1.5.1　诊断卡使用讲解

诊断卡也称 DEBUG 卡。市面上有多款不同厂家、不同种类的诊断卡。其原理基本相同，主要是通过 PCI 总线读取主板上电自检过程（POST）代码，然后使用数码管显示出来，使维修员能直接通过观测数码管所显示代码，得知主板故障所在位置。

主板维修中使用较多的诊断卡有敖微的 TL611 PRO（TL460 升级版）和奇冠的 KQCPET6 V8，如图 1-203 和图 1-204 所示。

维修主板时不同厂家的诊断卡使用方法都相同。在主板断电时先把诊断卡插在主板 PCI/PCI-E/SPI/LPC 插槽内，然后按开关通电，观看诊断卡上数码管显示的相应代码以判断故障所在位置。奇冠 V8 诊断卡可以通过转接卡转接到更多样式的诊断卡接口，可以在手机上安装专用 APP 查看跑码过程以及对应的维修思路。

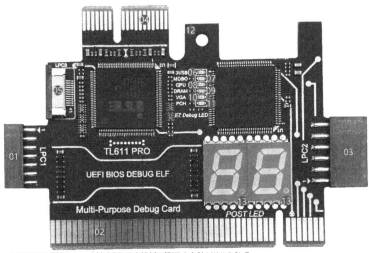

01—LPC1共享高速通道：连接主板2.0小排针+笔记本电脑MINI PCI-E。
02—PCI高速通道：支持全部PCI插槽。
03—LPC2共享高速通道：连接主板2.54大排针+超微SPI。
04—PCI-EX1高速通道：可测试技嘉无PCI主板。
05—LPC3共享高速通道：连接笔记本MINI PCI-E、A-DEBUG转换卡、华硕DEBUG-CON、EC-DEBUG。
06—3VSB电源指示灯：检查电源是否正常。
07—MOBO主板指示灯：检查主板是否正常。
08—CPU指示灯：检查CPU模块是否正常。
09—DRAM内存指示灯：检查内存模块是否正常。
10—VGA显卡指示灯：检查显卡模块是否正常。
11—PCH南桥指示灯：检查南桥模块是否正常。
12—绑绳子或带钥匙扣的口。
13—DP小数点，CLK信号显示。

图 1-203　敖微 TL611 PRO 诊断卡

图 1-204　奇冠 KQCPET6 V8 诊断卡

▷▷▷ **1.5.2 CPU假负载使用讲解**

CPU 假负载就是一个只有 PCB 的假 CPU，上面标识着数据线、地址线、CPU 核心供电、CPU 时钟信号、CPU 电源好信号、CPU 复位信号等测量点，方便维修员测量 CPU 工作所需的重要信号，如图 1-205 所示。

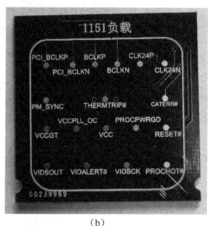

（a）　　　　　　　　　　　　　　（b）

图 1-205　CPU 假负载

假负载维修中的两个作用如下。

① 测量 CPU 工作所需要的供电、时钟信号、复位信号等条件是否正常。使用时主板先断电，把假负载装到 CPU 插座上，然后主板通上电，使用万用表电压挡测量相应信号测量点的电压值，与正常值对比判断信号是否正常。

② 测量 CPU 到桥之间的数据线或地址线是否正常。使用时主板先断电，将假负载装到 CPU 插座上，然后使用万用表的二极管挡测量数据线和地址线的对地值，判断 CPU 到桥之间是否短路或者开路。数值为 0 表示短路，数值为无穷大表示开路。

注意：对于现在市面上主流的主板，使用 CPU 假负载已经无法"骗出"CPU 供电了，CPU 假负载只能用来测量其他信号的电压或二极体值。

▷▷▷ **1.5.3 打值卡使用讲解**

打值卡也称打阻值卡，用于测量主板各个插槽数据线、地址线，从测量数据上判断插槽与桥之间是否短路和断路。除了数据、地址线测量点外，打值卡上面还有相应插槽的供电、时钟信号、复位信号等对应测量点。常用打值卡有 PCI 打值卡、PCI-E 打值卡、内存打值卡，如图 1-206～图 1-208 所示。

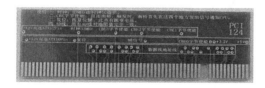

图 1-206　PCI 打值卡

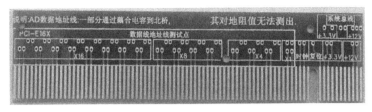

图 1-207 PCI-E 打值卡

图 1-208 DDR3 内存打值卡

各种打值卡的使用方法都一样,主板先断电,然后把打值卡插入相对应插槽上。如果是测量供电、时钟信号、复位信号,主板通上电,使用万用表电压挡测量相对应位置电压值;如果是测量总线的数据线、地址线是否正常,主板断电后使用万用表二极管挡对打值卡上标识的数据线、地址线测量点进行测量,最后根据测量数据判断总线是否正常。

▷▷▷ **1.5.4 数字万用表使用讲解**

万用表分机械式万用表和数字万用表(见图 1-209),现在维修中使用数字万用表的比较多。

(a)胜利VC890D手动挡数字万用表　　(b)福禄克15B自动挡数字万用表　　(c)胜利VC97半自动挡数字万用表

图 1-209 数字万用表

1. 将表笔改造成表针

万用表出厂时原配红色和黑色两支表笔,使用时将表笔插到万用表颜色相对应的插孔中。主板上的大部分芯片引脚比较细,为防止由于万用表笔过大导致测量时短路,建议大家将表笔改造成比较细的表针,如图 1-210 所示。

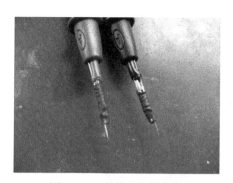

图 1-210　表笔改造效果图

2．万用表的使用

① 直流电压测量：先将万用表打到直流电压测量挡，然后给主板通电，将黑表笔接地，红表笔接被测点，显示屏显示数值为所测点电压值。

② 二极管挡测电阻：把万用表打到二极管挡，两支表笔分别接到电阻的两端，显示屏显示数值为电阻阻值。

③ 二极管挡打值：把万用表打到二极管挡，将主板断电，然后红表笔接主板的地，黑表笔接被测点，显示屏显示数值为被测点与地之间二极体值。注意：二极体值无单位。

▷▷▷ **1.5.5　数字示波器使用讲解**

示波器（Oscilloscope）是显示信号波形随时间变化特性的仪器，能把肉眼看不见的电信号变换成看得见的图像（波形），便于人们研究各种电现象的变化过程。市面上常用的示波器有泰克、普源、安泰等品牌。

1．示波器面板说明

安泰克 ADS1102C 示波器面板说明如图 1-211 所示。从示波器正面看过去，发现示波器上面有很多按钮和按键、显示屏、接口等。使用中通过面板上面的各个按钮、按键调整示波器参数，通过目测液器屏上面得到的测量波形来判断信号是否正常。

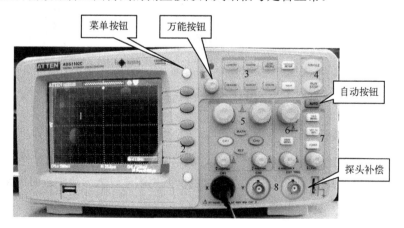

图 1-211　ADS1102C 示波器面板说明

1 号区：液晶显示屏，用于显示测量波形。

2 号区：选择按钮。

3 号区：常用功能按钮。

4 号区：执行控制。

5 号区：垂直控制。

6 号区：水平控制。

7 号区：触发控制。

8 号区：信号输入接口。

2．垂直控制旋钮说明

垂直控制旋钮用于调整示波器显示波形的垂直刻度和位置。每个通道都有单独的垂直控制。示波器的垂直控制旋钮如图 1-212 所示，左边两个为 CH1 输入通道的，右边两个为 CH2 输入通道的。

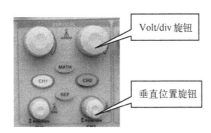

图 1-212　垂直控制旋钮

（1）垂直位置旋钮的作用

① 调整相应通道（包括 MATH）波形的垂直位置，分辨率会根据垂直挡位而变化。

② 调整通道波形的垂直位置时，屏幕在左下角显示垂直位置信息，如 "VoltsPos=24.6mV"。

③ 按下垂直位置旋钮可使垂直位置归零。

（2）"Volts/div（伏/格）" 旋钮的作用

① 可以使用 "Volts/div" 旋钮调节所有通道的垂直分辨率控制器，放大或衰减通道波形的信源信号。旋转 "Volts/div" 旋钮时，状态栏对应的通道挡位显示发生了相应的变化。

② 使用 "Volts/div" 旋钮的按下功能可以在 "粗调" 和 "细调" 间切换。粗调是以 1-2-5 方式步进确定垂直挡位灵敏度。顺时针增大，逆时针减小垂直灵敏度。细调是在当前挡位进一步调节波形显示幅度。同样，顺时针增大，逆时针减小显示幅度。

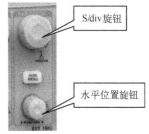

3．水平控制旋钮说明

使用水平控制旋钮（见图 1-213）可改变水平时基，触发在显示屏中的水平位置（触发位移）。屏幕水平方向上的中心是波形的时间参考点。改变水平刻度会导致波形相对于屏幕中心扩张或收缩。旋转水平位置旋钮会改变波形相对于触发点的位置。

图 1-213　水平控制旋钮

（1）水平位置旋钮的作用

① 调整通道波形（包括 MATH）的水平位置（触发相对于显示屏中心的位置）时，分辨率会根据时基而变化。

② 按下该旋钮可以使水平位置归零。

（2）S/div 旋钮的作用

① 用于改变水平时间刻度，以便放大或缩小波形。如果停止波形采集（使用 RUN/STOP 或 SINGLE 按钮实现），S/div 控制就会扩展或压缩波形。

② 调整主时基或窗口时基，即秒/格。当使用窗口模式时，将通过改变 S/div 旋钮改变窗口时基从而改变窗口宽度。

③ 连续按下 S/div 旋钮可在"主时基""视窗设定""视窗扩展"选项间切换。

示波器按键、按钮说明见表 1-5。

表 1-5　示波器按键、按钮说明

按　键	功　能
CH1、CH2	显示通道 1、通道 2 设置菜单
MATH	粗调、细调切换
REF	显示参考波形菜单
HORI MENU	显示水平菜单
TRIG MENU	显示触发控制菜单
SET TO 50%	设置触发电平为信号幅度的中点
FORCE	波形采集，应用于触发方式中的正常和单次
SAVE/ERCALL	显示设置和波形的储存/调出菜单
ACQUIRE	显示采集菜单
MEASURE	显示自动测量菜单
CURSORS	显示光标菜单
DISPLAY	显示显示菜单
UTILITY	显示辅助功能菜单
DEFAULT SETUP	调出厂家设置
HELP	进入在线帮助系统
AUTO	自动设置示波器控制状态
RUN/STOP	连续采集波形或停止采集
SINGLE	采集单个波形，然后停止

4. 用示波器测量供电 MOS 管 G 极波形的步骤

① 把探头放到补偿触点。

② 按 AUTO（自动）按键。

③ 看屏幕显示的校正方波及方波的频率是否正常，不正常进行调整。

④ 按 CH1 按键显示菜单。

⑤ 按探头对应按键，设置衰减倍数。

⑥ 探头上按钮设置与示波器设置要一致。

⑦ 旋转垂直按钮，调整每一小格电压值。

⑧ 旋转水平按钮，调整第一小格时间为 2.5μs。

⑨ 接地夹子接到地线上。

⑩ 把探头接触 CPU 供电上管 G 极，触发开关上电，如图 1-214 所示。

图 1-214　测量 MOS 管表笔接触方法

⑪ 显示屏上显示 MOS 管 G 极的波形，如图 1-215 所示。

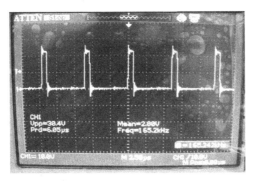

图 1-215　MOS 管 G 极波形

▷▷▷ 1.5.6　防静电恒温烙铁使用讲解

1. 防静电恒温烙铁介绍

　　防静电恒温烙铁是一种能按用户设定，温度值恒定不变的焊接工具，并且具有防静电功能，可防止烙铁漏电导致损坏主板的电子元器件。恒温烙铁常用于焊接电容、电阻、电感、芯片及补线等。恒温烙铁由主机、烙铁手柄、烙铁固定架三部分组成，如图 1-216 所示。

图 1-216　恒温烙铁实物图

主机是恒温烙铁的控制核心部分，可以通过表面的温度调整旋钮调节烙铁温度。

烙铁手柄由发热芯、烙铁头和塑料手柄组成。焊接时通过拿手柄使用烙铁头去接触元器件脚进行焊接。

烙铁固定架用于安放烙铁手柄，它有一个废锡回收口和一个用于放置海绵的槽。

2．恒温烙铁使用规范

① 使用前，先将海绵蘸湿，以轻轻拿起海绵不向下滴水为准。

② 温度设置为360～400℃。

③ 烙铁不能磕碰，手柄中的发热芯片很容易因为敲击而碎裂。

④ 烙铁头不要接触到塑料、橡胶等化合物。使用的锡丝也需要一定的纯度，杂质大的锡丝对焊接效果的影响很大。

⑤ 每次使用后，都要将烙铁头加上锡，然后再放在烙铁架上，这样可以有效地保护烙铁头不被氧化，延长烙铁的使用寿命，如图1-217所示。

图1-217　烙铁头加锡保养

⑥ 为了提高工作效率，选择合适的烙铁头类型和尺寸是非常重要的。烙铁头的大小与热容量成正比。在实际的维修中，"刀头"（K型）烙铁较常用。如果焊接CPU针等细小的部分，则多选用尖头烙铁。烙铁头的尺寸以不影响周围的元器件为标准，以提高焊接效率。常见烙铁头如图1-218所示。

（a）尖头　　　　　　　　　　（b）马蹄头　　　　　　　　　　（c）马头

图1-218　烙铁头

3．恒温烙铁使用方法

① 先把恒温烙铁温度调整到合适温度，一般是350℃左右。

② 待温度达到后用烙铁头接触需要焊接元器件的脚上。

③ 焊锡熔化后取下元器件。

▷▷▷ **1.5.7　热风拆焊台使用讲解**

热风拆焊台也称热风枪，是一个能吹出高温热风的焊接设备，常用于焊接多引脚芯片，如 I/O 芯片、网卡芯片、声卡芯片等。安泰信 852D 热风拆焊台如图 1-219 所示。

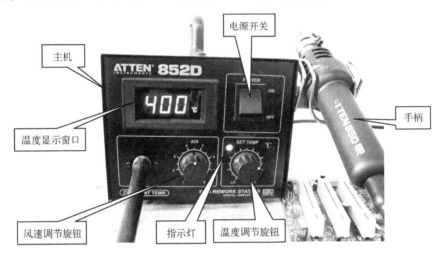

图 1-219　安泰信 852D 热风拆焊台

1．热风拆焊台使用规范

① 风枪吹芯片时，温度设置为 400℃左右，风力设置为 4～5，或者适当调低。

② 风枪植球时，温度不要超过 350℃，温度越高，芯片越容易损坏。

③ 吹芯片或者植球时不可以对着芯片中间加热，在周围旋转着加热。

④ 关机后，发热管会自动短暂喷出凉气，在这一冷却的阶段，不要切断电源，否则会影响发热芯的使用寿命。

⑤ 切记不要长时间高温度、低风速工作。

2．热风拆焊台使用方法

① 打开电源，调整合适温度和风速。吹小元器件时，要适当降压温度和风速，防止将元器件吹跑。

② 不能对着芯片中间加热，也不可固定在芯片某一位置加热，应旋转加热。

③ 注意不能长时间加热，待芯片脚焊锡熔化后使用镊子取下芯片。

④ 关闭电源，此时还会短暂吹出冷风进行散热，此时不能拔电源。

▷▷▷ **1.5.8　BGA 返修台使用讲解**

BGA 返修台（BGA Rework Station）是用来焊接电路板上 BGA 封装芯片的一种专业机

械。由于现在的主板上的芯片多数都采用了 BGA 封装的工艺，传统的维修技术和维修工具无法满足拆焊的需要，造成芯片拆焊的难度大大增加，因此需要专业的设备——BGA 返修台来进行 BGA 芯片的焊接。迅维 BGA 返修台如图 1-220 所示。

图 1-220　迅维 BGA 返修台

在维修市场中，BGA 返修台分热风式返修台和红外式返修台两大类。

热风式返修台是采用热风直接对需进行操作的区域进行加热，上下风枪头中有大功率高转速的风扇，风扇高速转动后产生气流，并经过缠绕着发热丝的发热体，从而产生风速及温度可控的高温气流直接作用到电路板的表面。其优点是效率高、升温快、温度滞后性低，但由于发热结构和机械机构相对复杂，所以成本也要比红外式要高。现在大多数的 BGA 返修台都是热风式的。

热风返修台又分为二温区和三温区两种。二温区是比较老的设计，由上部加热区和下部加热区两个加热部分组成。三温区返修台由于增加了暗红外发热砖的预热平台，因此可以对整个 PCB 进行 100℃左右的均匀预热，所以可以最大限度地保证 PCB 的平整，从而提高维修的成功率。三温区 BGA 返修台的三个加热温区如图 1-221 所示。

图 1-221　三温区 BGA 返修台的三个加热温区

红外式返修台是采用红外线辐射的原理，用不可见的暗红外线进行加热。红外式返修台体积小、结构简单、功率低，适合小型维修店和小型研发单位使用。

迅维生产过的 BGA 返修台有 CF360T、CF360、CF350T、CF350、CF320、CF300T、CF300、CF280T、CF160 多个型号。型号后带 T 表示是使用触摸屏机型，不带 T 表示用按键控制机型。

1．BGA 返修台曲线调节

CF-260 和 CF-360 可以保存 10 组（0～9 组）曲线，每组曲线分为 8 段，通常只需用 5 个阶段。

CF-260、CF-360 的按键说明如下。

PTN：曲线组别。

SET：设置曲线。

PAR：确认/下一个。

RUN：启动/运行过程中按此键可以暂停参数。

R*：升温斜率全部为 3.0。

L*：第*段的目标温度。

D*：到第*段温度后保持的时间。

HB：设置为 500。

使用触摸屏控制更方便，直接点击触摸屏可进行相应操作。CF-280T 和 CF-360T 可以保存 50 组曲线，每组曲线分为 8 段，通常也只用 5 段，如图 1-222 所示。

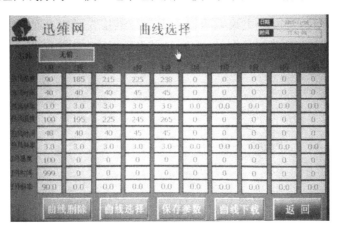

图 1-222　CF-280T 和 CF-360T 的曲线表

2．BGA 返修测温功能

测温是在加热时测量芯片实际温度，防止温度过高导致芯片损坏，常用于拆主板南北桥芯片、笔记本电脑打黑胶或红胶的芯片。不带触摸屏的机型仅上加热控制器可以测温，按 DISP 键至 TIME 灯亮为测温，将测温线放到芯片内部，看表上的温度就是测量的实际温度。触摸屏机型直接将温度线放到芯片内部，看屏上显示测量温度值就为实际测量温度。

3. BGA 芯片焊接流程

在维修主板时，对于 BGA 封装芯片虚焊的可以加焊，加焊不行再重植，而 BGA 封装芯片烧坏和短路的需更换。

① 使用无铅焊膏，注意焊膏用量，加焊时注意吹焊膏的方法（斜着、200℃ 以内吹芯片）。

② 选择与 BGA 芯片大小相同的热风嘴。

③ 将主板固定于 BGA 返修台支架的夹槽上。

④ 选取合适的温度曲线，注意区分芯片和板子是有铅还是无铅的。

⑤ 运行 BGA 返修台进行加温。

⑥ 待 BGA 芯片上面的锡球熔化后取下芯片。

⑦ 有的板不一定要等曲线跑完，观察锡球融化后再等 10s 左右可手动停止加热。

⑧ 加焊流程：清扫→吹焊膏→固定主板→选风嘴→选曲线→启动加热→观察锡珠/轻推芯片→停止。

⑨ 重植流程：清扫→吹焊膏→固定主板→选风嘴→选曲线→启动加热→观察锡珠→取芯片→拖锡→植球→对位→加热→观察→停止。

⑩ 植球流程：清理多余焊锡→拖平→清洗→选钢网→涂焊膏→对钢网→放锡球→加热→观察→停止→取钢网。

⑪ 手工摆珠时，焊膏涂非常少就可以了，否则会连锡。

▷▷▷ 1.5.9 编程器使用讲解

RT809 系列编程器是市场主流编程器，大部分维修人员都在使用，占有率非常高。RT809 系列编程器有两个版本，分别是 RT809H 和 RT809F，如图 1-223 所示。

（a）RT809H   （b）RT809F

图 1-223　RT809 系列编程器

1. RT809H

① 支持在线和离线方式 EMMC 智能识别、BOOT1/BOOT2/USER/RPMB/EXT_CSD 区域读/写。

② 多数类型的芯片可以自动识别，随心摆放，最高读/写速度可达 45MB/s。

③ 内置 VGA 信号发生器，自动切换，方便维修。

④ 不需要外接电源，超低功耗。

⑤ 轻巧便携，高性能，多功能，软件不断升级。

⑥ 支持 32/64 位操作系统：Windows 2003、Windows 2008、Windows Vista、Windows XP、Windows 7、Windows 8、Windows 8.1、Windows 10。

⑦ TSOP48/BGA 封装 NAND Flash 参数自动识别和离线读取。

⑧ 平板电视、液晶电视主流方案芯片 ISP 在线读/写；主流变频空调 MCU 读/写。

⑨ 笔记本电脑 IT8/KB90/NPCE/MEC16 系列 EC 芯片读/写。

⑩ 27/28/29/30/39/49/50 系列 NOR Flash/ PROM 读/写。

⑪ 24/25/26/93/95 系列串行 SPI Flash、EEPROM 离线读/写。

2．RT809F

① 专为计算机、家电维修行业设计。

② 轻巧便携，高性能，多功能。

③ 支持 32 位和 64 位操作系统：Windows 2003、Windows 2008、Windows Vista、Windows XP、Windows 7、Windows 8、Windows 8.1、Windows 10。

④ 兼容原厂工装和官方软件切换。

⑤ 内置自动型 VGA 信号发生器。

⑥ 支持串口 TTL/I²C/SPI 协议。

⑦ 主流液晶芯片方案自动识别。

3．刷写 BIOS 的流程

以 RT809H 为例介绍刷写 BIOS 的流程。

① 在主板上把将要刷写的 BIOS 芯片取下来，根据 BIOS 芯片大小，选择合适弹跳座（宽 8 脚、窄 8 脚）。

② 将 BIOS 芯片装在弹跳座上，再将弹跳座装到编程器上，芯片的方向和位置可以随意，RT809H 可自动识别。

③ 如图 1-224 所示，将 RT809H 通过 USB 线与计算机连接，并安装好驱动程序。

④ 驱动安装完成后，在桌面上会出现一个图标

图 1-224　编程器连接计算机

。

注意：编程器的驱动程序要从官网下载最新版的。编程器驱动程序下载网址：http://www.ifix.net.cn/thread-56912-1-1.html。

⑤ 单击桌上面的编程器图标，运行程序，出现如图 1-225 所示的主界面。

图 1-225　RT809H 主界面

⑥ 如图 1-226 所示，选择芯片，可以输入芯片印字，也可以单击"智能识别 SmartID"按钮（见图 1-227）。

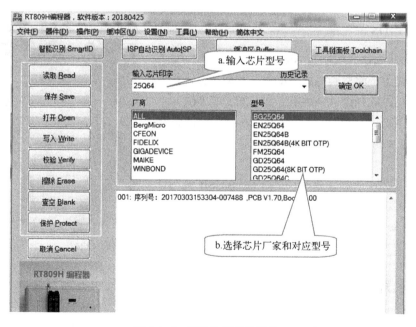

图 1-226　手动选择芯片型号

图 1-227　智能选择芯片型号

⑦ 芯片识别成功，如图 1-228 所示。

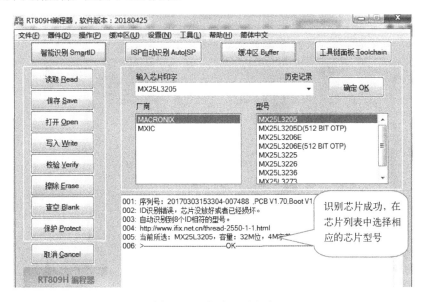

图 1-228　芯片识别成功

⑧ 如图 1-229 所示，单击"读取 Read"，读取原 BIOS 信息。

图 1-229　读取成功

⑨ 将读取出来的信息重命名后保存，如图 1-230 所示。

图 1-230　保存文件

⑩ 打开已准备好要刷写的新 BIOS 程序，如图 1-231 所示。

图 1-231 打开新 BIOS 文件

⑪ 最后写入程序，如图 1-232 所示。

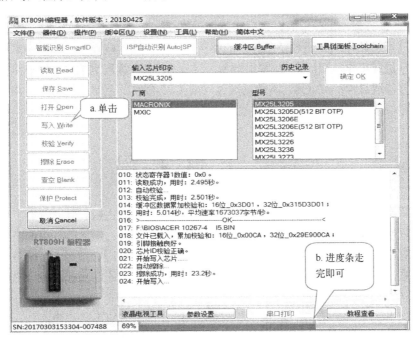

图 1-232 写入程序

第 2 章
主板的工作原理

2.1　　主板的工作原理概述

主板是计算机系统中的核心部件，并且是计算机内体积最大的一块电路板。主板上面有各种各样的插槽和接口，这些接口承载了 CPU、内存、显卡、硬盘等重要的部件，并为这些设备提供了数据交换的枢纽。

一块主板正常上电后，各电路开始工作。当 CPU 的工作电压、复位信号、PG 信号、工作频率等重要信号得到满足以后，CPU 开始清空内部的寄存器，并通过 CPU→桥芯片→BIOS 这样一个路径，向主板上 BIOS 芯片发出一个指令用来定位 BIOS。如果 BIOS 的设置正确，则 CPU 读取 BIOS 中的设定内容，按照预设的 BIOS 程序对内存、芯片组、显卡、网卡等设备进行初始化，并通过桥芯片中的中断控制器，为这些设备分配正确的中断号码，使之能够正常进行工作。而后 CPU 发出指令，将从 BIOS 中读取到的内容映射到主板的高端内存之中，并读取显卡的 BIOS，将数据通过 PCI-E 总线传送到显卡部分，并由显卡对其处理，最后将图像输出到显示器上。以上就是主板开机的工作过程。

2.2　　主　板　架　构

主板架构是指主板各个部件之间的连接及隶属关系。每个主板设计时都有一个架构图，从架构图可以明确看出主板的结构及各个设备之间的管理关系。不同芯片组的主板架构都不同。本书将对 Intel、AMD 芯片组主板架构进行分析讲解，使广大维修者了解各个芯片组之间的管理关系，在维修中能加强对主板相关理论知识的理解，还能有效地增强主板维修的故障分析能力。

例如，当出现 SATA 接口不能使用的故障时，除了检测 SATA 接口电路外，还应重点检查是否由于南桥芯片出现问题而导致了故障的产生。这是因为 SATA 接口电路直接与南桥芯片相连，并受南桥芯片控制。而当 PCI-E X16 显卡插槽出现故障时，除了检查 PCI-E X16 插槽电路外，还应重点检查北桥芯片是否存在问题而导致故障。因为 PCI-E X16 插槽电路直接与北桥芯片相连，并受北桥芯片控制。

随着技术的发展，主板的系统架构也处于不断的变化中。例如，CPU 内集成了内存控制器、PCI-E 控制器和显卡核心，使内存、独立显卡等设备直接与 CPU 连接和通信，同时，主板上的芯片组也由北桥芯片和南桥芯片的双芯片架构衍变为单芯片架构。

▷▷▷ **2.2.1 Intel H61 芯片组系列主板架构**

Intel H61 芯片组是单桥架构。Intel H61 芯片组主板架构如图 2-1 所示。

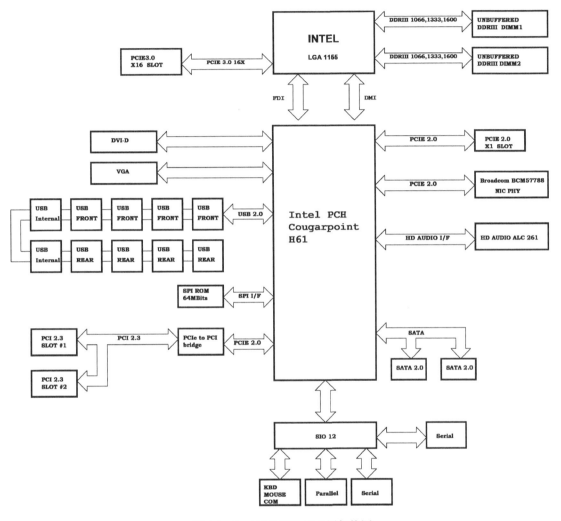

图 2-1 Intel H61 芯片组主板架构图

H61 系列芯片组主板的管理及支持功能如下。

① CPU 插座采用 1155 针，支持 Intel 二代 I3、I5、I7 CPU。CPU 内部集成显卡控制器和内存控制器。

② CPU 与 PCH 之间使用 FDI 总线传输视频信息，DMI 总线传输控制信号。

③ PCH 支持 VGA 模拟信号和 DVI 数字信号视频接口。

④ PCH 通过 PCI-E 总线管理网卡芯片和 PCI-E X1 插槽，并转换出 PCI 插槽。

⑤ PCH 管理 USB2.0 接口、SATA 硬盘接口、SPI BIOS 和声卡芯片。

⑥ PCH 通过 LPC 总线管理 I/O 芯片。

⑦ I/O 芯片管理键盘、鼠标、串口和并口。

▷▷▷ 2.2.2　Intel Z77 芯片组系列主板架构

Intel Z77 芯片组主板架构如图 2-2 所示。

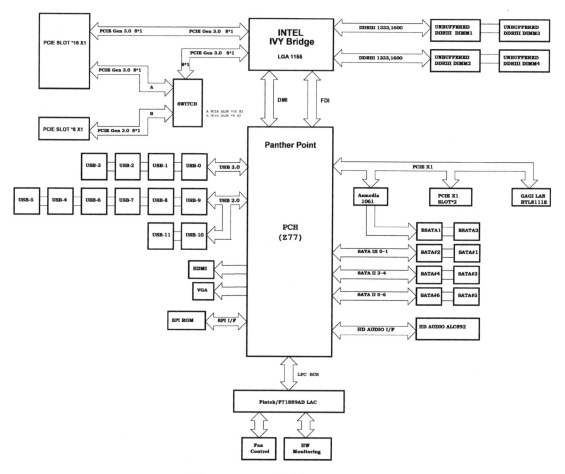

图 2-2　Intel Z77 芯片组主板架构图

Intel Z77 芯片组主板的管理及支持功能如下。

① CPU 插座采用 1155 针，支持 Intel I3、I5、I7 CPU，CPU 内部集成显卡控制器和内存控制器，支持最高 1600MHz 内存。

② CPU 与 PCH 之间使用 FDI 总线传输视频信息，DMI 总线传输控制信号。

③ PCH 支持 VGA 模拟信号、DVI 数字信号和 HDMI 高清多媒体三种视频接口。

④ PCH 通过 PCI-E 总线管理网卡芯片和 PCI-E X1 插槽，已不再支持 PCI 插槽。

⑤ PCH 管理 USB 2.0 接口、USB 3.0 接口、SATA 硬盘接口、SPI BIOS 和声卡芯片。

⑥ PCH 通过 LPC 总线管理 I/O 芯片。

⑦ I/O 芯片管理键盘、鼠标、串口、并口和各个硬件温度监控。

▷▷▷ 2.2.3　Intel H87 芯片组主板架构

Intel H87 芯片组主板架构如图 2-3 所示。

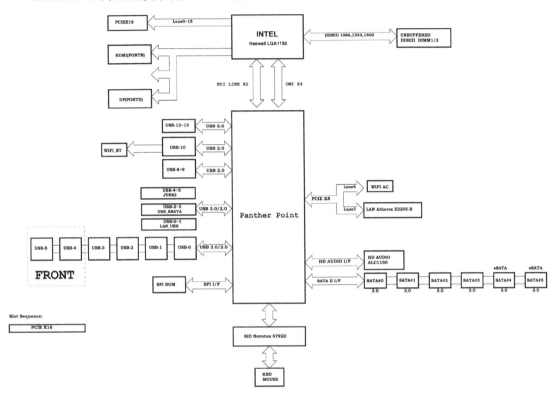

图 2-3　Intel H87 芯片组主板架构图

Intel H87 芯片组主板的管理及支持功能如下。

① CPU 插座采用 1150 针，支持 Intel I3、I5、I7 CPU，CPU 内部集成显卡控制器和内存控制器，支持最高 1600MHz 内存。CPU 还支持 DP、DVI 和 HDMI 输出。

② CPU 与 PCH 之间使用 FDI 总线传输视频信息，DMI 总线传输控制信号。

③ PCH 支持 VGA 模拟信号。

④ PCH 支持 8 个 PCI-E 通道。

⑤ PCH 管理 USB 2.0 接口、USB 3.0 接口、SATA 硬盘接口、SPI BIOS 和声卡芯片。

⑥ PCH 通过 LPC 总线管理 I/O 芯片。

⑦ I/O 芯片管理键盘、鼠标、串口、并口和各个硬件温度监控。

▷▷▷ 2.2.4　Intel H110/Z270/Z370 芯片组主板架构

Intel H110/Z270/Z370 芯片组主板架构如图 2-4 所示。

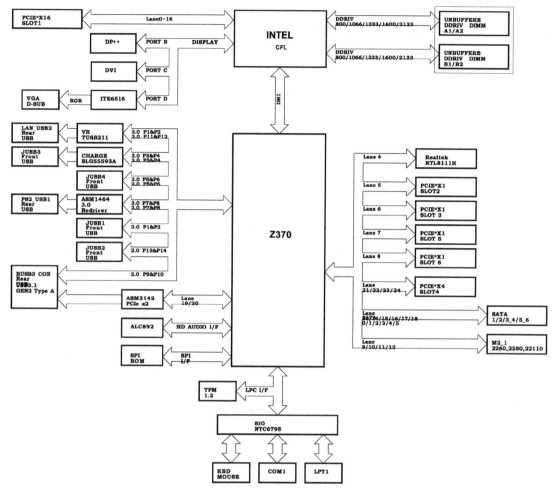

图 2-4　Intel H110/Z270/Z370 芯片组主板架构图

Intel H110/Z270/Z370 芯片组主板的管理及支持功能如下。

① CPU 插座采用 1151 针，支持 Intel I3、I5、I7 CPU，CPU 内部集成显卡控制器和内存控制器，支持 DDR4 内存。CPU 还支持 DP、DVI 和 HDMI 输出。

② CPU 与 PCH 之间只使用 DMI 总线传输控制信号。

③ 显示类接口全部由 CPU 管理了，不再支持 VGA。如需使用，需要通过 DP 信号转换。

④ PCH 支持 8 个 PCI-E 通道。

⑤ PCH 管理 USB 2.0 接口、USB 3.0 接口、USB 3.1 接口、SATA 接口、M.2 接口、SPI BIOS 和声卡芯片。

⑥ PCH 通过 LPC 总线管理 I/O 芯片。

⑦ I/O 芯片管理键盘、鼠标、串口、并口和各个硬件温度监控。

▷▷▷ 2.2.5　AMD A85 芯片组主板架构

AMD A85 芯片组主板架构如图 2-5 所示。

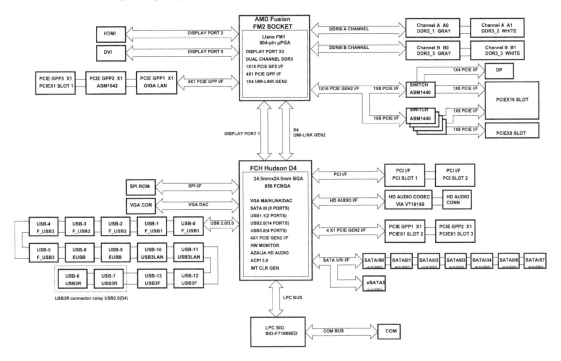

图 2-5　AMD A85 芯片组主板架构图

AMD A85 芯片组主板的管理及支持功能如下。

① AMD A85 主板使用 FM2 的 CPU。

② FM2 支持 DVI、HDMI 高清多媒体接口、PCI-E X16 独立显卡插槽和 PCI-E X1 网卡。

③ FM2 CPU 同样集成内存控制器管理内存，支持最高 1866MHz 内存。

④ FM2 内部集成网络控制模块管理 1000MHz 网卡芯片。

⑤ 桥被称为 FCH，与 APU 之间使用 UMI 和 DP 总线相连。DP 用于传输显示信号，桥管理 VGA 接口。

⑥ FCH 管理 USB 2.0 接口、USB 3.0 接口、声卡芯片、SATA 硬盘接口、E-SATA 外接硬盘接口、PCI-E X1 插槽、PCI 插槽和 SPI BIOS。

⑦ FCH 通过 LPC 总线管理 I/O 芯片。

⑧ I/O 芯片管理 COM 接口。

▷▷▷ 2.2.6　AMD B350 芯片组主板架构

AMD B350 芯片组主板架构如图 2-6 所示。

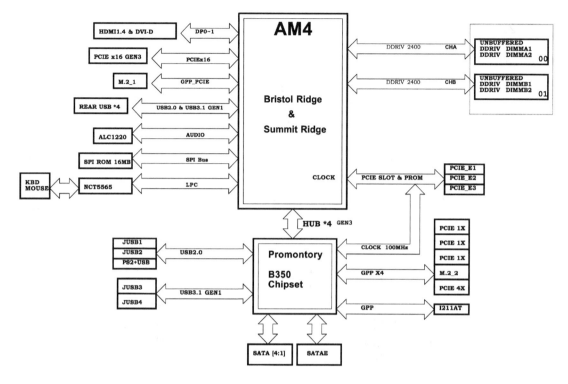

图 2-6　AMD B350 芯片组主板架构图

AMD B350 芯片组主板的管理及支持功能如下。

① AMD B350 主板使用 AM4 的 CPU。

② AM4 支持 DVI、HDMI、DP 接口和 PCI-E X16 独立显卡插槽。

③ AM4 CPU 同样集成内存控制器管理内存，支持最高 2400MHz 内存。

④ AM4 内部集成网络控制模块管理 1000MHz 网卡芯片。

⑤ AM4 管理 I/O 芯片、SPI BIOS 和声卡芯片。

⑥ 桥与 CPU 之间使用 UMI 和 DP 总线相连。DP 总线用于传输显示信号至桥管理的 VGA 接口。

⑦ 桥和 CPU 都有管理 USB 2.0 接口、USB 3.1 接口、M.2 接口和 PCI-E X1 插槽。

⑧ CPU 通过 LPC 总线管理 I/O 芯片。

⑨ I/O 芯片管理键盘、鼠标等外设接口。

⑩ 桥管理 SATA 硬盘接口。

2.3　Intel 芯片组标准时序

▷▷▷ 2.3.1　Intel H61/H77 芯片组标准时序

Intel H61/H77 系列芯片组标准时序如图 2-7 所示，图中信号解释如下。

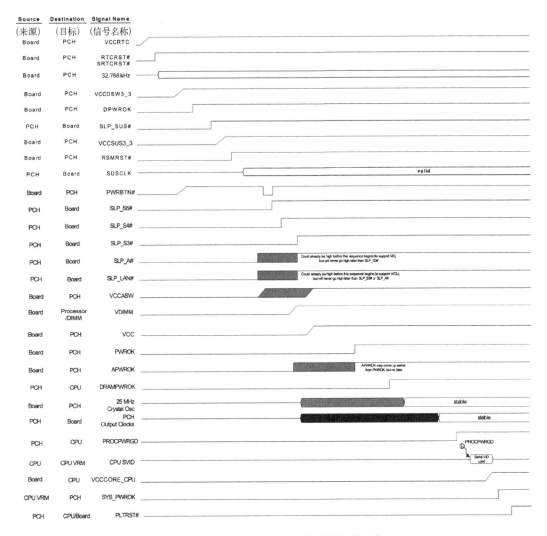

图 2-7　Intel H61/H77 系列芯片组标准时序

VCCRTC：从主板送给 PCH 桥的 3V 供电，给桥的 RTC 电路供电，以保存 CMOS 参数。

RTCRST#/SRTCRST#：从主板送给桥的 3V 高电平，RTC 电路的复位信号。从 ICH9 开始，有两个复位。

32.768kHz：桥旁边的 32.768kHz 晶振，桥给晶振供电，晶振提供频率给桥。

VCCDSW3_3：主板给桥提供的深度睡眠唤醒电源（Deep Sleep Well），为 3.3V。不支持深度睡眠时，此电压与 VCCSUS3_3 连一起。

DPWROK：主板给桥的 3.3V 高电平，表示 VCCDSW3_3 的电源好，为 3.3V。不支持深度睡眠时，此信号与 RSMRST#连一起。

SLP_SUS#：深度睡眠状态指示信号，可用于开启 S5 状态的电压，比如 VCCSUS3_3。不支持深度睡眠时，SLP_SUS#悬空。

VCCSUS3_3：主板给桥的待机供电，为 3.3V。

RSMRST#：主板给桥的 3.3V 高电平的 ACPI 复位信号，意思是通知桥，此时待机电压已经准备好了。

SUSCLK：桥发出的 32.768kHz 时钟，但不一定被主板采用。

PWRBTN#：桥收到的下降沿触发信号，为 3.3V-0V-3.3V，通知桥可以退出睡眠状态。

SLP_S5#：桥收到 PWRBTN#后，置高 SLP_S5#成 3.3V，表示退出关机状态。

SLP_S4#：桥置高 SLP_S4#成 3.3V，表示退出休眠状态。

SLP_S3#：桥置高 SLP_S3#成 3.3V，表示退出待机状态，进入 S0 开机状态。

SLP_A#：桥发出的主动睡眠电路（Active Sleep Well，ASW）电源开启信号，用于开启 ME 模块供电。

如果主板支持并开启 AMT 功能，此信号会在触发前就产生；关闭 AMT 功能，此信号时序与 SLP_S3#一致。

如果主板不支持 AMT，SLP_A#悬空不采用。

SLP_LAN#：LAN 子系统休眠控制，控制网卡供电。如果主板没有使用 Intel 的集成网卡，此信号不采用。如果主板使用 Intel 的集成网卡，支持网络唤醒的话，此信号待机时就为高；不支持网络唤醒时，此信号跟随 SLP_A#或 SLP_S3#。

VCCASW：主动睡眠电路的供电，受控于 SLP_A#。SLP_A#悬空时（主板无 ME 固件），VCCASW 直接采用 S0 状态的供电。

VDIMM：指内存供电，受控于 SLP_S4#。

VCC：指桥的主供电等 S0 状态的电压，受控于 SLP_S3#。

PWROK：主板发给桥的 3.3V 高电平，表示 S0 状态电压都准备好了桥和总线供电。

APWROK：ASW 电源好，开启 AMT 功能时，APWROK 由 AMT 电压控制，关闭 AMT 功能时，APWROK 与 PWROK 同步。

DRAMPWROK：桥发给 CPU 的 PG，通知 CPU，内存模块供电准备好了。

25MHz Crystal Osc：桥增加 25MHz 晶振，给桥内部的时钟模块提供基准频率。

PCH Output Clocks：桥输出各组时钟。

PROCPWRGD：桥发给 CPU 的 PG，表示 CPU 的非核心电压准备好了。

CPU SVID：CPU_SVID 是由 CPU 发给 CPU 供电芯片的一组信号，由 DATA 和 CLK 组成的标准串行总线和一个起提示作用的 ALERT#信号所组成，用于控制 CPU 核心电压和集显供电。

当 PROCPWRGD 有效后，CPU 发出 SVID。

VCCCORE_CPU：CPU 的核心供电。

SYS_PWROK：由 CPU 的供电芯片发给桥的 3.3V 高电平，表示 CPU 核心供电准备好了。

PLTRST#：桥发出的平台复位 3.3V，经过转换作为 CPU 复位。

▷▷▷ 2.3.2 Intel H87 芯片组标准时序

Intel H87 系列芯片组标准时序如图 2-8 所示，图中信号解释如下。

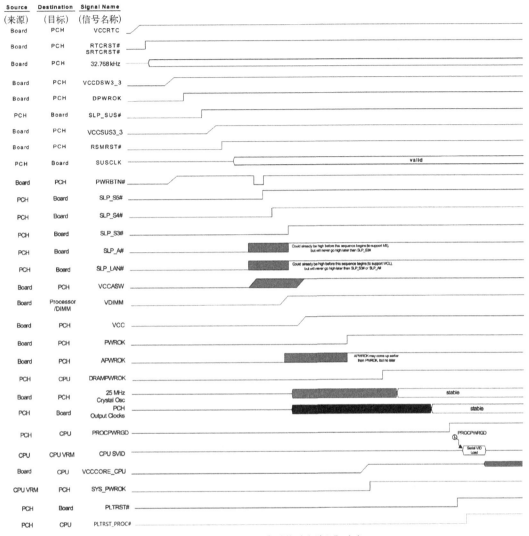

图 2-8　Intel H87 系列芯片组标准时序

VCCRTC：从主板送给 PCH 桥的 3V 供电，给桥的 RTC 电路供电，以保存 CMOS 参数。

RTCRST#/SRTCRST#：从主板送给桥的 3V 高电平，RTC 电路的复位信号。从 ICH9 开始，有两个复位。

32.768kHz：桥旁边的 32.768kHz 晶振，桥给晶振供电，晶振提供频率给桥。

VCCDSW3_3：主板给桥提供的深度睡眠唤醒电源（Deep Sleep Well），为 3.3V。不支持深度睡眠时，此电压与 VCCSUS3_3 连一起。

DPWROK：主板给桥的 3.3V 高电平，表示 VCCDSW3_3 的电源好，为 3.3V。不支持深度睡眠时，此信号与 RSMRST#连一起。

SLP_SUS#：深度睡眠状态指示信号，可用于开启 S5 状态的电压，比如 VCCSUS3_3。不支持深度睡眠时，SLP_SUS#悬空。

VCCSUS3_3：主板给桥的待机供电，为 3.3V。

RSMRST#：主板给桥的 3.3V 高电平的 ACPI 复位信号，意思是通知桥，此时待机电压已经准备好了。

SUSCLK：桥发出的 32.768kHz 时钟，但不一定被主板采用。

PWRBTN#：桥收到的下降沿触发信号，为 3.3V-0V-3.3V，通知桥可以退出睡眠状态。

SLP_S5#：桥收到 PWRBTN#后，置高 SLP_S5#成 3.3V，表示退出关机状态。

SLP_S4#：桥置高 SLP_S4#成 3.3V，表示退出休眠状态。

SLP_S3#：桥置高 SLP_S3#成 3.3V，表示退出待机状态，进入 S0 开机状态。

SLP_A#：桥发出的主动睡眠电路（Active Sleep Well，ASW）电源开启信号，用于开启 ME 模块供电。

如果主板支持并开启 AMT 功能，此信号会在触发前就产生；关闭 AMT 功能，此信号时序与 SLP_S3#一致。

如果主板不支持 AMT 功能，SLP_A#悬空不采用。

SLP_LAN#：LAN 子系统休眠控制，控制网卡供电。如果主板没有使用 Intel 的集成网卡，此信号不采用。如果主板使用 Intel 的集成网卡，支持网络唤醒的话，此信号待机时就为高；不支持网络唤醒时，此信号跟随 SLP_A#或 SLP_S3#。

VCCASW：主动睡眠电路的供电，受控于 SLP_A#。SLP_A#悬空时（主板无 ME 固件），VCCASW 直接采用 S0 状态的供电。

VDIMM：指内存供电，受控于 SLP_S4#。

VCC：指桥的主供电等 S0 状态的电压，受控于 SLP_S3#。

PWROK：主板发给桥的 3.3V 高电平，表示 S0 状态电压都准备好了桥和总线供电。

APWROK：ASW 电源好，开启 AMT 功能时，APWROK 由 AMT 电压控制，关闭 AMT 功能时，APWROK 与 PWROK 同步。

DRAMPWROK：桥发给 CPU 的 PG，通知 CPU，内存模块供电准备好了。

25MHz Crystal Osc：桥的 25MHz 晶振，给桥内部的时钟模块提供基准频率。

PCH Output Clocks：桥输出各组时钟。

PROCPWRGD：桥发给 CPU 的 PG，表示 CPU 的非核心电压准备好了。

CPU SVID：CPU_SVID 是由 CPU 发给 CPU 供电芯片的一组信号，由 DATA 和 CLK 组成的标准串行总线和一个起提示作用的 ALERT#信号所组成，用于控制 CPU 核心电压和集显供电。

当 PROCPWRGD 有效后，CPU 发出 SVID，调节 CPU 电压。

VCCCORE_CPU：CPU 的核心供电，在 H87 芯片组中，CPU 供电一般都会预启动到 1.7V 左右，然后等待 SVID 指令来调节电压。

SYS_PWROK：由 CPU 的供电芯片发给桥的 3.3V 高电平，表示 CPU 核心供电准备好了。

PLTRST#：桥发出的平台复位 3.3V 电压。

PLTRST_PROC#：桥发出的 CPU 复位。

▷▷▷ 2.3.3 Intel H110/Z270/Z370 芯片组标准时序

Intel H110/Z270/Z370 系列芯片组标准时序如图 2-9 所示，图中信号解释如下（名词的排列不代表信号的产生先后，时序请以时间轴为准）。

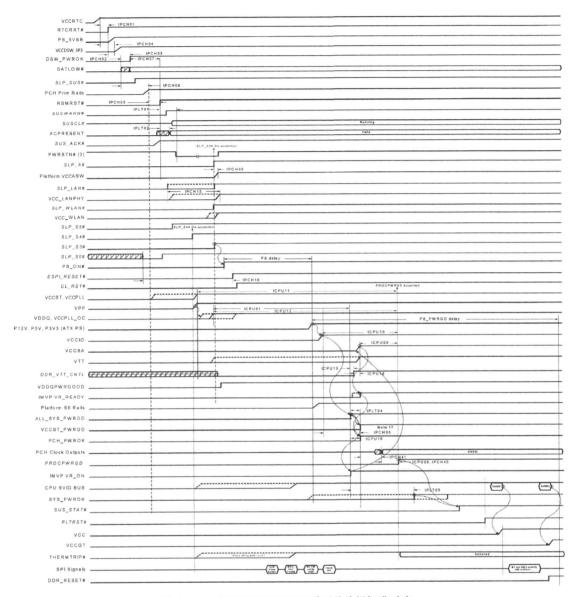

图 2-9　Intel H110/Z270/Z370 系列芯片组标准时序

VCCRTC：从主板送给桥的 3V 供电，给桥的 RTC 电路供电，以保存 CMOS 参数。

RTCRST#：从主板送给桥的 3V 高电平，RTC 电路的复位信号。

PS_5VSB：ATX 电源输出的 5V 待机电压。

VCCDSW_3P3：主板给桥提供的深度睡眠唤醒电源（Deep Sleep Well），为 3.3V。

DSW_PWROK：主板给桥的 3.3V 高电平，表示 VCCDSW_3P3 的电源好，为 3.3V。

BATLOW#：桥的电池电压低指示。如果为低，将会导致不开机。

SLP_SUS#：深度睡眠状态指示信号，可用于开启主待机电压。

PCH Prim Rails：桥的主待机供电，有 VCCPRIM_3P3 和 VCCPRIM_1P0 两个电压。

RSMRST#：主板给桥的 3.3V 高电平的 ACPI 复位信号，意思是通知桥，此时主待机电压已经准备好了。

SUSWARN#：当 PCH 要进入 DEEPSLEEP（深度睡眠）状态时，先拉低 SUSWARN#信号，指示主板要做一些进入深度睡眠的准备工作。

SUSCLK：桥发出的 32.768kHz 时钟，但不一定被主板采用。

ACPRESENT：用于移动平台，用于指示适配器存在。

SUS_ACK#：深度睡眠应答信号。当 PCH 拉低 SUSWARN#，指示主板要进入深度睡眠，主板完成相应的准备动作后，发回 SUS_ACK#给 PCH，表示已经准备好进入深度睡眠。

PWRBTN#：桥收到的下降沿触发信号，为 3.3V-0V-3.3V，通知桥可以开机。

SLP_A#：桥发出的主动睡眠电路电源开启信号，用于开启 ME 模块供电。如果主板支持并开启 AMT 功能，此信号会在触发前就产生；关闭 AMT 功能，此信号时序与 SLP_S3#一致。如果主板不支持 AMT 功能，SLP_A#悬空不采用。

Platform VCCASW：主动睡眠电路的供电，受控于 SLP_A#。

SLP_LAN#：LAN 子系统休眠控制，控制网卡供电。如果主板没有使用 Intel 的集成网卡，不采用此信号。如果主板使用 Intel 的集成网卡，支持网络唤醒的话，此信号待机时就为高；不支持网络唤醒时，此信号跟随 SLP_A#或 SLP_S3#。

VCC_LANPHY：网卡的供电。

SLP_WLAN#：无线网卡的供电开启信号。

VCC_WLAN：无线网卡的供电。

SLP_S5#：桥收到 PWRBTN#后，置高 SLP_S5#成 3.3V，表示退出关机状态。

SLP_S4#：桥置高 SLP_S4#成 3.3V，表示退出休眠状态。

SLP_S3#：桥置高 SLP_S3#成 3.3V，表示退出待机状态，进入 S0 开机状态。

SLP_S0#：S0 睡眠控制。当 PCH 空闲且 CPU 处于 C10 状态时，该引脚将拉低，表示 CPU 供电芯片可以进入轻载模式。该信号也可用于其他电源管理相关的优化。

PS_ON#：ATX 电源的绿线被拉低，电源进入工作状态。

ESPI_RESET#：复位 eSPI 总线，相当于以前的 LPC_RST#。

CL_RST#：该信号连接到支持 Intel AMT 的无线局域网设备。

VCCST，VCCPLL：CPU 的维持供电和锁相环供电。

VPP：DDR4 内存的 VPP 供电，为 2.5V。

VDDQ，VCCPLL_OC：内存主供电，CPU 的数字锁相器供电。

P12V，P5V，P3V3（ATX PS）：电源输出 12V、5V 和 3.3V。

VCCIO：CPU 供电总线供电，一般为 0.95V。

VCCSA：CPU 的系统管家供电，一般为 1.05V。

VTT：内存的总线供电。

DDR_VTT_CNTL：内存的总线供电开启信号。

VDDQPWRGOOD：内存供电好。

IMVP VR_READY：CPU 供电芯片准备好接收 SVID 指令。

Platform S0 Rails：平台的其他供电。

ALL_SYS_PWRGD：所有的电源好，但不包括 CPU 核心供电和集显供电。

VCCST_PWRGD：CPU 的维持供电好。

PCH_PWROK：桥的供电好。

PCH Clock Outputs：桥输出各路时钟信号。

PROCPWRGD：表示 VCCST、VCCSTG、VCCPLL、VCCPLL_OC、VCCIO、VCCSA、VDDQ 和 VCCOPC_1p8 电源已正常，时钟已稳定。桥只有在收到 PCH_PWROK 后才会发出该信号。

IMVP VR_ON：CPU 供电芯片的开启信号。

CPU SVID BUS：CPU 发出 SVID 指令，用于调节 CPU 的供电。

SYS_PWROK：桥收到的电源好，表示平台的主要电源正常。

SUS_STAT#：该信号由 PCH 控制，低电平时表示系统即将进入低功耗状态。

PLTRST#：桥发出的平台复位。

VCC：CPU 的核心供电。

VCCGT：CPU 内集成的显卡供电。

THERMTRIP#：PCH 收到的过热指示信号，如果此信号为低，系统将强制进入 S5 状态。

SPI Signals：PCH 通过 SPI 总线读取 ME 和 BIOS 程序。

DDR_RESET#：内存的复位信号。

2.4　AMD 芯片组标准时序

由于 AMD 官方未公开 AMD B350 数据手册，所以本章只讲解 AMD A85 芯片组标准时序。AMD A85 芯片组标准时序如图 2-10 所示，图中信号解释如下。

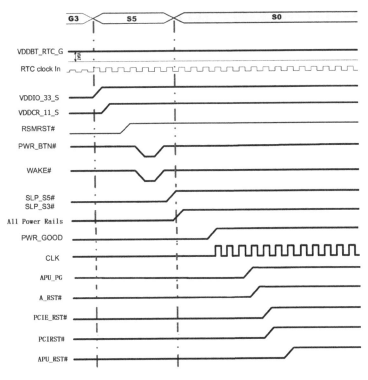

图 2-10　AMD A85 芯片组标准时序

VDDBT_RTC_G：RTC 电路的供电，为 3V。AMD 芯片组的 RTC 电路有问题会导致没复位，不跑码、时亮时不亮等各种故障。

RTC clock In：晶振起振给桥提供 32.768kHz 频率。RTC 电路有问题会导致没复位。

VDDIO_33_S：桥主待机电压，为 3.3V。

VDDCR_11_S：桥第二个待机电压，为 1.1V。

RSMRST#：桥待机电压好，为 3.3V。

PWR_BTN#：电源开关触发后，最终送达桥的触发信号，为高-低-高的脉冲。

WAKE#：网络唤醒信号，通常来自网卡芯片和 PCI-E 插槽。

SLP_S5#：桥发出的退出关机状态的信号，为 3.3V，用于控制内存供电产生。

SLP_S3#：桥发出的退出睡眠状态的信号，为 3.3V，用于控制所有的 S0 电压。

All Power Rails：所有电源被开启，包括内存供电、桥供电、CPU 所需的多个供电，单桥芯片组没有总线供电。

PWR_GOOD：通知桥，此时 S0 状态电压全部正常。

CLK：桥内集成的时钟开始工作。

APU_PG：桥发出给 CPU 的电源好。A50 平台也叫 LDT_PG。

A_RST#：桥发出的平台复位，相当于 Intel 的 PLTRST#，为 3.3V。

PCIE_RST#：桥发出的 PCI-E 复位，为 3.3V。

PCIRST#：桥发出的 PCI 复位，为 3.3V。

APU_RST#：桥直接发给 CPU 的复位。A50 平台也叫 LDT_RST#。

2.5　硬启动过程

▷▷▷ 2.5.1　H61 平台硬启动过程

H61 平台硬启动过程简述如下。

① 没插电源前，由 3V 纽扣电池经过电路转换给桥的 RTC 电路供电。

② 3V 电池经过电路转换，经过 CMOS 跳帽，给桥提供高电平。

③ 桥给晶振供电，晶振起振，产生 32.768kHz 频率信号给桥。

④ 插入 ATX，紫线输出 5VSB。

⑤ 5VSB 一般经过稳压器转换，产生 3.3V 待机电压给桥、I/O 芯片、PCI-E 插槽、网卡等。

⑥ 通常，I/O 芯片检测待机电压正常后，发出待机电压好（RSMRST#）信号给桥。

⑦ 触发开关，进 I/O 芯片。

⑧ I/O 芯片发出请求开机信号给桥。

⑨ 桥发出允许开机信号给 I/O 芯片。

⑩ I/O 芯片拉低 ATX 的绿线。

⑪ 电源输出 12V/5V/3.3V/−12V……

⑫ 5V 转换为内存主供电 1.5V，内存主供电经过稳压器产生内存负载供电 0.75V。

⑬ 3.3V 转换为 1.8V 锁相环供电，内存供电降压为 1.05V 桥供电。

⑭ 一般桥供电 1.05V 转换控制产生总线供电 1.1V。

⑮ 总线供电降压为管家供电 0.9V。产生 CPU 供电（看 CPU 供电芯片的具体 VBOOT 配置）。

⑯ 各路供电都正常、ATX 电源延时发出灰线的 PG 给 I/O 芯片。

⑰ I/O 芯片检测电压和 PG 正常后，发出 PG 给桥。

⑱ 桥的 25MHz 晶振起振，桥读取 BIOS。

⑲ 桥发出时钟信号，桥发出 PG 给 CPU。

⑳ CPU 发出 SVID 信号给 CPU 供电芯片。

㉑ CPU 供电芯片输出或调整 CPU 供电。

㉒ CPU 供电芯片发出 PG 给桥。

㉓ 桥发出复位给 I/O 芯片。

㉔ I/O 芯片发出复位给网卡、PCI-E 插槽和 CPU 等。

㉕ CPU 开始工作，通过桥读取 BIOS，开始自检跑码。

㉖ 自检过内存。

㉗ 产生集显供电。

▷▷▷ 2.5.2　H81 平台硬启动过程

H81 平台硬启动过程简述如下。

① 没插电源前，由 3V 纽扣电池经过电路转换给桥的 RTC 电路供电。

② 3V 电池经过电路转换，经过 CMOS 跳帽，给桥提供高电平 RTCRST#。

③ 桥给晶振供电，晶振起振，产生 32.768kHz 频率信号给桥。

④ 插入 ATX，紫线输出 5VSB。

⑤ 5VSB 一般经过稳压器转换，产生 3.3V 深度睡眠待机电压给 I/O 芯片和桥 （VCCDSW3_3）。

IO 检测到电压正常后，发出深度睡眠待机电压好给桥（DPWROK）。

桥发出 SLP_SUS#控制产生主待机电压（VCCSUS3_3）。

主待机电压供给 PCI-E 插槽、网卡、I/O 芯片和桥。

⑥ 通常，I/O 芯片检测待机电压正常后，发出待机电压好（RSMRST#）给桥。

⑦ 触发开关，进 I/O 芯片。

⑧ I/O 芯片发出请求开机信号给桥（PWRBTN#）。

⑨ 桥发出允许开机信号 SLP_S*#，其中 SLP_S3#给 I/O 芯片。

⑩ I/O 芯片拉低 ATX 的绿线（PSON#）。

⑪ 电源输出 12V/5V/3.3V/-12V……

⑫ 5V 转换为内存主供电 1.5V，内存主供电经过稳压器产生内存负载供电 0.75V （VTTDDR）。

⑬ 内存供电降压为 1.05V 桥核心供电。

⑭ 1.05V 桥核心供电正常后，控制产生桥的数模转换模块的供电 1.5VDAC。

⑮ 产生 CPU 供电（H8X 一般都设定为 VBOOT=1.7V）。

⑯ CPU 供电芯片发出信号给桥的 SYS_PWROK。

⑰ ATX 电源延时发出灰线的 PG 给 I/O 芯片。

⑱ I/O 芯片检测各路电压和 ATXPG 正常后，发出 PG 给桥的 PCH_PWROK 和 APWROK。

⑲ 桥的 25MHz 晶振起振，桥读取 BIOS。

⑳ 桥发出时钟信号，桥发出 PROCPWRGD 给 CPU。

㉑ CPU 发出 SVID 信号给 CPU 供电芯片。

㉒ CPU 供电芯片调整 CPU 供电到 CPU 需要的真正电压值。

㉓ 桥发出平台复位信号 PLTRST#给 I/O 芯片，I/O 芯片发出复位给网卡和 PCI-E 插槽等。

㉔ 桥发出 CPU 的复位信号 PLTRST_PROC#。

㉕ CPU 开始工作，通过桥读取 BIOS，开始自检跑码。

▷▷▷ 2.5.3　H110 以上平台硬启动过程

H110 平台硬启动过程简述如下。

① 没插电源前，由 3V 纽扣电池经过电路转换给桥的 RTC 电路供电。

② 3V 电池经过电路转换，经过 CMOS 跳帽，给桥提供高电平 RTCRST#。

③ 桥给晶振供电，晶振起振，产生 32.768kHz 频率信号给桥。

④ 插入 ATX，紫线输出 5VSB。

⑤ 5VSB 一般经过稳压器转换，产生 3.3V 深度睡眠待机电压给 I/O 芯片和桥（VCCDSW_3P3）。

IO 检测到电压正常后，发出深度睡眠待机电压好给桥（DSW_PWROK）。

桥发出 SLP_SUS#控制产生主待机电压（VCCPRIM_3P3）。

主待机电压供给 PCI-E 插槽、网卡、I/O 芯片和桥。

注意：3V 待机电压正常后，再降压产生 1V 待机电压（VCCPRIM_1P0）。

⑥ 通常，I/O 芯片检测待机电压正常后，发出待机电压好（RSMRST#）给桥。

⑦ 触发开关，进 I/O 芯片。

⑧ I/O 芯片发出请求开机信号给桥（PWRBTN#）。

⑨ 桥发出允许开机信号 SLP_S*#，其中 SLP_S3#给 I/O 芯片。

⑩ I/O 芯片拉低 ATX 的绿线（PSON#）。

⑪ 电源输出 12V/5V/3.3V/-12V……

⑫ 5V 转换为内存主供电 1.2V，内存主供电经过稳压器产生内存负载供电 0.6V（VTTDDR）。

注意：H110 芯片组主板使用 DDR4 内存，内存多了一个 VPP2.5V，优先于内存主供电。H110 芯片组主板与内存供电同一级别的还有 VCCST 电压，为 1V。

⑬ 产生 1.05V 的 VCCIO 供电。

⑭ 1.05V 桥核心供电正常后，控制产生 VCCSA 电压，并产生 CPU 供电的开启信号，但一般不会产生 CPU 供电，VBOOT=0V。

⑮ CPU 供电芯片发出信号给桥的 SYS_PWROK，表示芯片已准备好产生 CPU 供电。

⑯ ATX 电源延时发出灰线的 PG 给 I/O 芯片。

⑰ I/O 芯片检测各路电压和 ATXPG 正常后，发出 PG 给桥的 PCH_PWROK。

⑱ 桥的 24MHz 晶振起振，桥读取 BIOS。

⑲ 桥发出时钟信号，桥发出 PROCPWRGD 给 CPU。

CPU 发出 SVID 信号给 CPU 供电芯片。

CPU 供电芯片控制输出 CPU 供电。

⑳ 桥发出平台复位 PLTRST#给 I/O 芯片，I/O 芯片发出复位给网卡、PCI-E 插槽等。

㉑ 桥发出 CPU 的复位 PLTRST_CPU#。

㉒ CPU 开始工作，通过桥读取 BIOS，开始自检跑码。

注意：H110 芯片组主板自检过内存后，CPU 发出第二次 SVID，控制产生集显供电 VCCGT。

▷▷▷ 2.5.4　AMD B350 平台硬启动过程

AMD B350 平台硬启动过程简述如下。

① 没插电源前，由 3V 纽扣电池 VBAT 经过稳压器产生 1.5V 的 V_RTC 给桥内部的 RTC 电路供电。

② 桥给晶振供电，晶振起振，产生 32.768kHz 频率信号给桥。

③ 插入 ATX，紫线输出 5VSB。

④ 5VSB 一般经过稳压器转换，产生 3.3V 待机电压，给 I/O 芯片、PCI-E 插槽、网卡和 CPU 供电。当 I/O 芯片检测到 3.3V 待机电压正常后，发出 RSMRST_L 给 CPU。

同时 3.3V 待机电压会经过转换还会产生以下待机电压：CPU 的 1.8V、1V 和 0.8V 左右待机电压，桥的 1.05V 待机电压。

⑤ 通常，I/O 芯片检测待机电压正常后，发出待机电压好（RSMRST#）给桥。

⑥ 触发开关，进 I/O 芯片。

⑦ I/O 芯片发出请求开机信号给 CPU（PWR_BTN_L）。

⑧ CPU 发出允许开机信号 SLP_S5_L、SLP_S3_L，其中 SLP_S3_L 给 I/O 芯片。

⑨ I/O 芯片拉低 ATX 的绿线（PSON#）。

⑩ 电源输出 12V/5V/3.3V/-12V……

⑪ 5V 转换为内存主供电 1.2V，内存主供电经过稳压器产生内存负载供电 0.6V（VTTDDR）。

⑫ 接着产生的供电，CPU 的供电有 1.05V 的 PCI-E 控制器供电 VDDP、1.8V 的 I/O 端口供电 VDD_18、CPU 核心供电 VDDCR_CPU、集显供电 VDDCR_SOC；桥的供电有核心供电 VDD105 和 VCC25 供电。

⑬ CPU 核心供电电压稳定后输出高电平的 PG。

⑭ ATX 电源延时发出灰线的 PG 给 I/O 芯片，I/O 芯片检测各路电压和 ATXPG 正常后，也发出 PG。

⑮ I/O 芯片发出的 PG 与 CPU 供电芯片发出的 PG 以及其他芯片发出的 PG 汇合一起，一路给 CPU 的 PWR_GOOD，另一路给桥的 PWR_GD。

⑯ CPU 的 48MHz 晶振起振、桥的 25MHz 晶振起振。

⑰ CPU 发出 PCIE_RST_L 给桥的 PERST#和 PCI-E X16 插槽、M.2 插槽，CPU 发出 LPC_RST_L 给 I/O 芯片的 LRESET#。

⑱ 桥发出 GPP_RST#，复位各路 PCI-E 设备：PCI-E X1 插槽、网卡和 USB 3.0 芯片等。

⑲ 所有供电时钟复位正常后，CPU 开始工作。

第3章
主板开机电路的工作原理及故障维修

3.1　CMOS 电路原理

CMOS（Complementary Metal Oxide Semiconductor，互补金属氧化物半导体）原指一种芯片的制程，用 CMOS 制作的芯片具有省电和低温的特性。CMOS 电路常用来存储计算机的设置和计算机系统日期、时间。RTC/CMOS RAM 整合在桥中，通过外部搭配的电池供电。因为用 CMOS 制作的存储器耗电很低，就算计算机一两年都不开电源，CMOS 随机存储器中记录的值也一样可以得到完整的保存。Intel 芯片组中，CMOS 电路故障会导致不能开机。

1. CMOS 电路组成及工作原理

由于主板厂商的电路设计不同，CMOS 电路会有所区别。主板的 CMOS 电路主要由 CMOS 随机存储器、实时时钟电路（RTC 电路）、跳线、桥、电池及供电电路等几个部分组成，如图 3-1 所示。

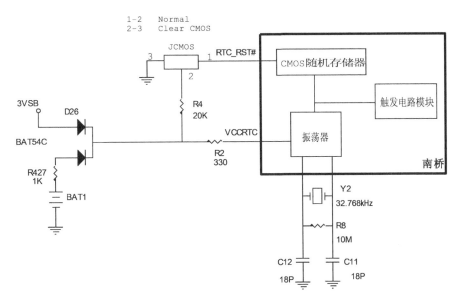

图 3-1　CMOS 电路组成

电源不接 220V 市电时，由电池 BAT1 的正极通过电阻 R427 送到肖特基二极管 BAT54C 的正极，从负极输出。接上 220V 市电时，ATX 电源输出 5VSB 待机供电，通过主板降压得到 3VSB 待机供电，送到 BAT54C 的正极，从负极输出，通过电阻 R2 改名为 VCCRTC 给桥的实时时钟电路的振荡器供电。另一路通过电阻 R4 送到 JCOMS 跳线的 2 脚，通过跳线帽连接由 1 脚上拉（现在很多主板是两根针的 JCMOS，不用跳帽了），得到高电平的 RTC_RST#信号给桥，复位桥内部的 CMOS 随机存储器。振荡器得到供电后，给外部的 Y2 晶振供电，晶振起振产生 32.768kHz 频率给桥。桥得到 VCCRTC、RTC_RST#和 32.768kHz 频率后，内部 CMOS 随机存储器开始工作。

CMOS 随机存储器的作用是存储系统日期、时间、主板上存储器设置的参数、当前系统的硬盘配置和用户设置的某些参数等重要信息，开机时由 BIOS 对系统自检初始化。

2．CMOS 电路故障维修方法

CMOS 电路出现故障会导致主板不能开机，不能保存 CMOS 设置，时间不准，保存 CMOS 设置后黑屏等。造成这些故障的原因有纽扣电池电压下降，纽扣电池到桥的线路出问题或断线，导致桥没有电压、32.768kHz 实时时钟晶振不起振或振荡频率偏离标准值，CMOS 跳线帽跳错位置等。

（1）不保存 CMOS 设置的维修方法

① 测量 JCMOS 排针上是否有 2.7V 以上电压。

② 检查 32.768kHz 晶振是否起振。

③ 如果以上条件正常，可以先更换谐振电容和晶振。

④ 如果以上维修还没修复故障，最后再更换桥。

（2）时间不对，时间快或慢的维修方法

① 先更换 32.768kHz 实时时钟晶振。

② 更换晶振不行，再更换谐振电容。

③ 如果以上维修还没修复故障，最后再更换桥。

（3）进入 CMOS 设置程序，保存退出黑屏的维修方法

① 先刷写 BIOS 资料。

② 刷写 BIOS 资料无法解决，更换 I/O 芯片。

③ 如果以上维修还没修复故障，最后再更换桥。

3.2　Intel 芯片组主板开机电路

开机电路也称上电电路，是指从主板装上电池到拉低绿线，使电源输出主供电这个过程中的电路。不同品牌、不同型号主板的开机电路设计有所差异，大部分主板通过 I/O 芯片和桥芯片完成开机功能，所以开机电路的功能基本一样。

▷▷▷ 3.2.1　Intel H61/Z77/H87 芯片组主板开机电路的工作原理

Intel H61/Z77/H87 芯片组的待机和开机电路工作原理没有差别，均支持深度睡眠（Deep

Sleep）。主板在开机时要先开启深度睡眠供电及送出深度睡眠电源好信号到桥，使主板进入正常待机状态，最后才进入开机状态。另外，厂家为响应欧盟的 ERP 节能指令，在主板待机电路上设置有 ERP 节能电路，使主板在待机时功耗大大降低。采用 ITE 公司 I/O 芯片，如 IT8728F，支持 ERP，这样的主板待机电路工作原理如图 3-2 所示。

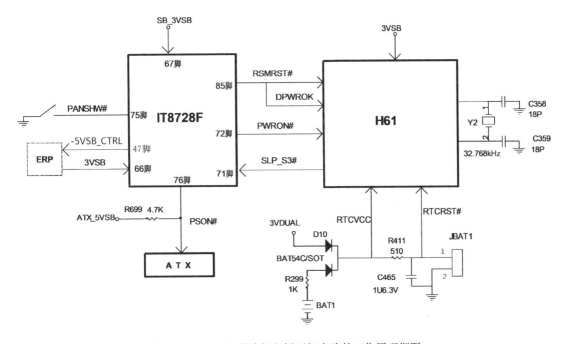

图 3-2　Intel H61 芯片组主板开机电路的工作原理框图

采用 IT8728F 且支持 ERP 时，主板待机电路工作原理如下。

第一阶段：主板装上电池 BAT1 通过 R299 送到 D10 肖特基二极管正极，从负极输出 RTCVCC 为桥实时时钟电路供电，RTCVCC 经过 R411 和 C465 电容延时后得到 RTCRST#高电平复位桥芯片 RTC 电路。

第二阶段：插上 ATX 电源并接上 220V 交流市电，ATX 电源输出 ATX_5VSB，经过稳压器降压为 SB_3VSB 给 IT8728F 供电，用于 IT8728F 芯片触发模块及 ERP 模块供电。

第三阶段：短接开关产生 PANSHW#触发信号给 IT8728F 的 75 脚，经过内部逻辑电路转换先输出-5VSB_CTRL 信号，控制 ERP 节能电路转换得到 3VSB 给桥和 IT8728F 提供待机供电。IT8728F 得到待机供电后内部延时从 85 脚输出 RSMRST#高电平信号给桥，通知桥主板待机供电正常。同时 RSMRST#信号通过电阻上拉给 DPWROK 高电平，送到桥表示深度休眠供电正常。IT8728F 内部延时再从 72 脚发出 3.3V-0V-3.3V 跳变的 PWRON#到桥请求上电。桥在待机条件正常并且自身正常时发出 3.3V 持续高电平 SLP_S3#给 IT8728F 的 71 脚，表示允许上电。最后 IT8728F 从 76 脚发出持续低电平 PSON#信号拉低 ATX 电源绿线，使 ATX 电源工作输出+12V、+5V、+3.3V 供电完成上电。

微星公司的主板通常采用 FINTEK 公司的 I/O 芯片，如 F71889AD，一般支持 ERP 和深度睡眠，其工作原理如图 3-3 所示。

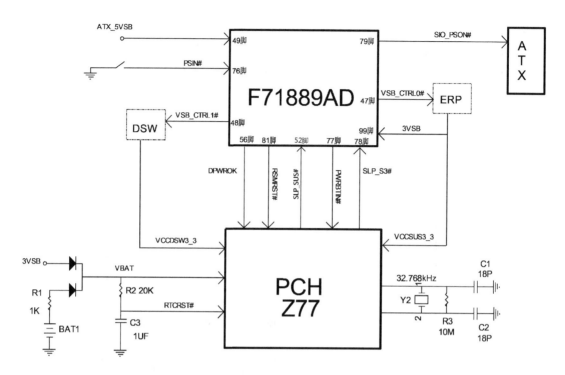

图 3-3　Intel Z77 芯片组主板开机电路的工作原理框图

采用 F71889AD 的主板并支持 ERP 和深度睡眠功能时，工作原理如下。

第一阶段： 电池 BAT1 通过电阻 R1 限流，进入肖特基二极管正极，从负极输出 VBAT 为桥 RTC 电路供电，VBAT 经过 R2 和 C3 延时得到 RTCRST#高电平复位桥内部实时时钟电路，桥给晶振供电，晶振工作输出 32.768kHz 频率给桥。

第二阶段： 插上电源输出 ATX_5VSB 给 F71889AD 的 49 脚供电。当 49 脚检测到 5VSB 超过 4.4V 后，延时 66ms 发出 DPWROK 给 PCH。

第三阶段： 短接开关产生 PSIN#触发信号给 F71889AD 的 76 脚，F71889AD 输出 VSB_CTRL1#信号。VSB_CTRL1#控制 DSW 深度休眠供电电路工作，产生 VCCDSW3_3 给桥提供深度休眠电源。桥得到 VCCDSW3_3 和 DPWROK 后，发出 SLP_SUS#给 F71889AD 的 52 脚，F71889AD 发出 VSB_CTRL0#控制 ERP 电路工作输出 3VSB 给 F71889AD 提供待机供电，同时给 PCH 提供 VCCSUS3_3 待机供电，F71889AD 得到 3VSB 供电从 81 脚输出 RSMRST#高电平给 PCH 表示待机供电正常。F71889AD 内部延时从 77 脚发出 3.3V-0V-3.3V 跳变的 PWRBTN#信号给 PCH 请求上电。PCH 待机条件正常并收到上电请求信号后，发出 SLP_S3#持续高电平，送到 F71889AD 的 78 脚，表示允许上电。最后 F71889AD 从 79 脚输出持续低电平 SIO_PSON#信号拉低 ATX 电源绿线完成上电。

▷▷▷ **3.2.2　Intel H110/Z270/Z370 芯片组主板开机电路的工作原理**

Intel H110/Z270/Z370 芯片组主板在待机部分有轻微变化，这样的主板工作原理如图 3-4 所示。

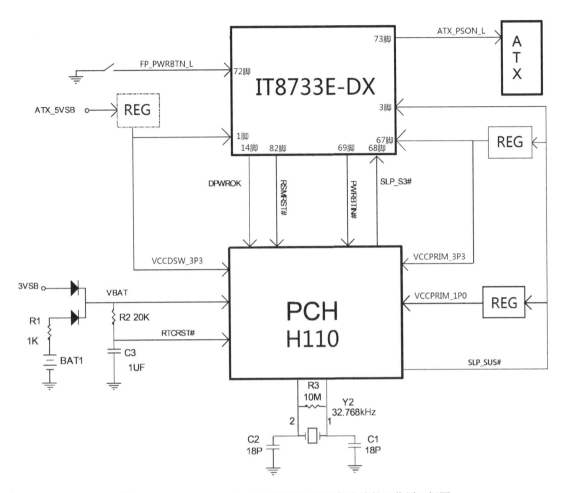

图 3-4　Intel H110/Z270/Z370 芯片组主板开机电路的工作原理框图

Intel H110/Z270/Z370 芯片组主板开机的基本原理与 Intel H61/Z77/H87 主板的基本相同，只是待机电压多了一个 1V 的待机电压。下面以不设计节能电路的主板为例讲解工作原理。

第一阶段：电池 BAT1 通过电阻 R1 限流，进入肖特基二极管正极，从负极输出 VBAT 为桥 RTC 电路供电，VBAT 经过 R2 和 C3 延时得到 RTCRST#高电平复位桥内部实时时钟电路，桥给晶振供电，晶振工作输出 32.768kHz 频率给桥。

第二阶段：插上电源输出 ATX_5VSB 给稳压器供电，稳压器输出 3.3V 待机电压给桥的 VCCDSW_3P3，同时送给 IT8733E-DX 的 1 脚，IT8733E-DX 从 14 脚延时发出 DPWROK 给 PCH。桥发出 SLP_SUS#，先后控制产生 VCCPRIM_3P3 和 VCCPRIM_1P0，作为桥的待机电压。IT8733E-DX 检测到 67 脚的 3.3V 待机电压正常后，从 82 脚延时输出 RSMRST#给桥。

第三阶段：短接开关产生 PSIN#触发信号给 IT8733E-DX 的 72 脚，IT8733E-DX 内部延时从 69 脚发出 3.3V-0V-3.3V 跳变的 PWRBTN#信号给 PCH 请求上电。PCH 待机条件正常并收到上电请求信号后，发出 SLP_S3#持续高电平，送到 IT8733E-DX 的 68 脚，表示允许上电。最后 IT8733E-DX 从 73 脚输出持续低电平 ATX_PSON_L 信号拉低 ATX 电源绿线完成上电。

3.3　AMD 芯片组主板开机电路

AMD 芯片组主板的工作原理与 Intel 芯片主板有没有差异呢？本节针对 AMD 芯片组主板开机电路的工作原理进行分析，解惑 AMD 与 Intel 主板开机电路之间到底有多大的差异。

▷▷▷ 3.3.1　AMD A85 芯片组主板开机电路的工作原理

A85 芯片组支持 FM2 的 CPU。AMD A85 芯片组主板开机电路的工作原理如图 3-5 所示。

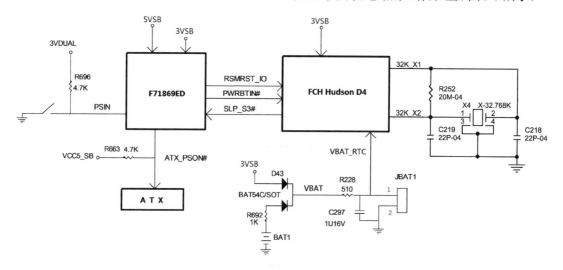

图 3-5　AMD A85 芯片组主板开机电路的工作原理框图

第一阶段： 主板装入 CMOS 电池后，电池正极经过 R692 和 D43 产生 VBAT，VBAT 再经过 R228 限流产生 VBAT_RTC 给桥的内部 RTC 电路供电，桥内部的 RTC 电路开始工作，给晶振 X4 供电，晶振起振给桥提供 32.768kHz 频率。

第二阶段： 插上 ATX 电源接通 220V 市电，ATX 电源工作输出 5VSB，经过降压电路转换为 3VSB 给桥和 I/O 芯片提供待机供电。I/O 芯片内部延时发出 RSMRST_IO 信号给桥表示待机电压正常，至此待机电路工作完成。

第三阶段： 短接开关产生 PSIN 触发信号给 I/O 芯片。I/O 芯片经过内部逻辑转换发出 3.3V-0V-3.3V 跳变的 PWRBTN#给桥请求上电。桥收到上电请求信号且本身待机条件满足时，经过内部转换输出 3.3V 持续高电平的 SLP_S3#信号给 I/O 芯片，表示允许上电。最后 I/O 芯片收到 SLP_S3#后，转换输出 ATX_PSON#持续低电平拉低 ATX 电源绿线完成上电。

▷▷▷ 3.3.2　AMD B350 芯片组主板开机电路的工作原理

AMD B350 芯片组主板开机电路的工作原理如图 3-6 所示。

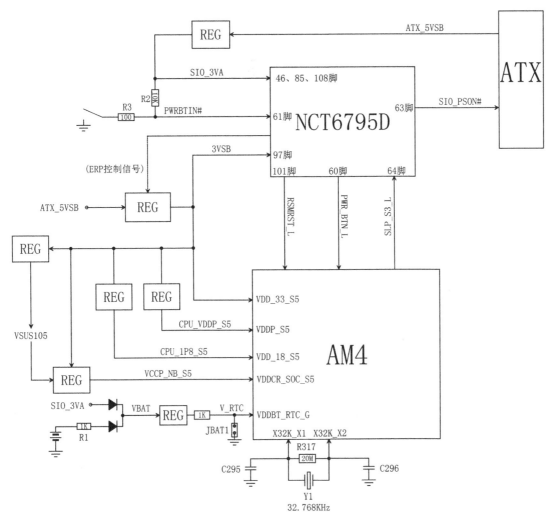

图 3-6　AMD B350 芯片组主板开机电路的工作原理框图

第一阶段： 主板装上 CMOS 电池后，电池正极经过 R1 和二极管产生 VBAT，VBAT 经过稳压器产生 1.5V 的 V_RTC 给 CPU 内部的 RTC 电路供电。CPU 给晶振供电，晶振起振产生 32.768kHz 频率给回 CPU。CPU 内部 RTC 电路开始工作。

第二阶段： 给 ATX 电源接通 220V 交流电，ATX 电源工作输出 ATX_5VSB 供电，经过降压电路转换为 SIO_3VA 给 I/O 芯片提供待机供电。

第三阶段： 如果支持节能功能，短接开关产生 PWRBTIN#信号到 I/O 芯片，I/O 芯片发出 ERP 信号控制 ATX_5VSB 转换为 3VSB。3VSB 一路给 I/O 芯片供电，另一路送给 CPU。当 I/O 芯片检测到 3VSB 正常后，发出 RSMRST_L 给 CPU。同时 3VSB 会经过转换产生 1.8V 的 CPU_1P8_S5 和 1V 左右的 CPU_VDDP_S5 给 CPU 作为待机电压，3VSB 还会转换出 FCH 的 1.05V 待机电压 VSUS105，再利用这个 VSUS105 控制产生 VCC_NB_S5 给 CPU 的 VDDCR_SOC_S5 提供待机电压。I/O 芯片经过内部逻辑转换延时输出 3.3V-0V-3.3V 跳变的 PWR_BTN_L 信号给 CPU 请求上电。CPU 收到上电请求信号且本身待机条件正常时，经过内部逻辑转换输出 3.3V 持续高电平的 SLP_S3#给 I/O 芯片，表示允许上电。最后 I/O 芯片经过内部转换输出持续低电平 SIO_PSON#信号，拉低 ATX 电源绿线完成上电。

3.4　开机电路故障的维修方法

主板开机电路出故障时导致按开关主板没响应，维修时按照主板的开机原理对主板开电路的待机条件和触发信号一一进行检测维修，方法如下。

第 1 步　目测

目测主板上元器件有无明显烧伤，电容有无鼓包、漏液，MOS 管和芯片是否明显发黄、变黑，主板有无明显撞伤，信号线有无断开等。如有先进行处理。

第 2 步　测量短路

测量主板是否明显短路。主板测量点有 3VSB 待机供电、USB 接口数据线、CPU 供电、内存供电、桥供电、总线供电等。测量前需取下内存条、CPU 等部件。

测量短路使用万用表的二极管挡，红表笔接触地，黑表笔接触测量的位置，显示屏显示数值为所测点与地之间的二极体值。

（1）3VSB 是否对地短路。测量位置是 PCI 插槽的 A14 脚或者 PCI-E 插槽的 B10 脚，如图 3-7、图 3-8 所示。

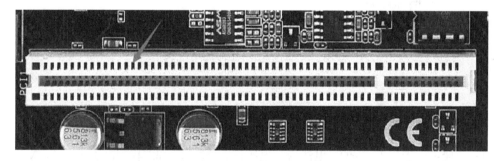

图 3-7　PCI 插槽 A14 脚位置

图 3-8　PCI-E 插槽 B10 脚位置

① 如果确认 3VSB 对地短路，依次拆除网卡芯片、I/O 芯片、固定输出 3.3V 的 LDO 芯

片、桥芯片。

② 如果不确定短路，可待机状态下触摸网卡芯片、I/O 芯片、桥芯片等是否发烫，测量待机电压是否偏低等综合判断 3VSB 是否短路。

（2）数据线是否对地短路。一般对地二极体值正常为 400～600 左右。

① 测量 USB 数据线，如果有任何一数据线对地短路，判断为桥芯片坏。

② 测量 USB 数据线，如果有任何一数据线对地值无穷大，先检查 USB 接口到桥芯片之间是否断线，无断线则为桥芯片空焊或者桥芯片坏。

（3）VCORE 是否对地短路。一般对地二极体值高于 30 就可以，但准确判断需对比。如果短路，依次拆除钽电容、电源芯片、下管、驱动芯片、滤波电容等。

（4）内存、桥、总线供电等是否对地短路。芯片组相同值相近，不为 0 就不能判定短路，使用对比法判断（测量点：有线圈的测线圈脚，没线圈的测场效应管 S 极）。若确定短路，一般都是桥短路了，很少是场效应管和电容坏。

第 3 步　测量主板待机条件

待机条件是主板开机的前提条件。如果待机条件不正常使桥芯片无法进行下一步动作。常见的待机条件有 RTC 电路、深度睡眠待机电压、主待机电压、待机电压好信号等。待机条件测量及维修方法如下。

（1）插电，测量 CMOS 跳线排针其中一个脚是否有 3V 电压，主板跳线排针如图 3-9 所示。

图 3-9　CMOS 跳线排针

① 无 3V 电压，检查双二极管过来的 VCCRTC 是否正常，I/O 芯片是否短路。

② 有 3V 电压，检查桥芯片的 RTCRST#是否短路，电容是否漏电。

（2）测量 32.768kHz 晶振是否正常，且晶振两脚电压不能相等。

维修中 Intel 和 AMD 芯片组晶振两脚电压差为 0.1～0.5V。

① 如果晶振脚无电压，先测量 VCCRTC 和 RTCRST#是否正常，并且正常送到桥芯片，再测晶振两脚对地是否短路或断路，接着拆谐振电容，最后换桥芯片。

② 如果晶振两脚没电压差，使用替换法维修。先换晶振，再换谐振电容、电阻，最后

换桥芯片。

③ 如果晶振两脚电压差高出正常范围，先换电容、电阻、晶振，再重植桥芯片，不行再换桥芯片。

④ 如果手摸晶振可以通电，先换晶振、谐振电容、电阻，再重植桥芯片，最后更换桥芯片。

（3）检查 3VSB 待机供电是否正常。测量 PCI 插槽的 A14 脚，或者目测诊断卡待机灯是否亮，如图 3-10 所示。没有 PCI 插槽的主板，需要测量 PCI-E 插槽的 B10 脚，或使用 PCI-E 诊断卡观察待机电压指示灯。注意，有些支持 ERP 节能的主板是在触发开关后才有此电压。

图 3-10　诊断卡待机灯图

（4）测量 DPWROK 和 RSMRST#电压是否为 3.3V。大部分主板的此信号由 I/O 芯片发送到桥芯片，少部分主板由电阻直接上拉到待机供电，无法确认的查图纸或者拆桥芯片跑线，嫌麻烦的话，也可先跳过此步。

第 4 步　检测触发电路相关信号是否正常

待机条件检测正常后，检测触发电路中的触发信号跳变是否正常。常见触发信号有 PWRBTN#、SLP_S3#、PSON#。触发电路维修方法如下。

（1）常见主板触发电路的工作方式

开关→I/O 芯片→桥芯片→I/O 芯片→绿线。

（2）测量相应触发信号

① 在现有主板维修中，大部分主板都由 I/O 芯片参与触发，所以要测量触发信号必须测量 I/O 芯片相关引脚。常见 I/O 芯片的待机和触发脚位如表 3-1 所示。（注意：技嘉专用的 ITE 品牌 I/O 芯片的第三行末尾有 GB 字样，相应脚位要加 31；有些主板，检测不到 CPU 也会无法触发。）

表格释义：

a. 待机供电有 2 个脚位，表示一个为深度睡眠待机供电，另一个为主待机供电。

b. 待机电压好有 2 个脚位，表示一个为 DPWROK，另一个为 RSMRST#。

c. 触发脚位的 4 个脚位分别表示开关到 I/O 芯片的脚位、I/O 芯片送给桥的脚位、桥发出信号给 I/O 芯片的脚位、I/O 芯片发出信号到 ATX 绿线的脚位。

表 3-1　常见 I/O 芯片的待机和触发脚位

型号	待机供电脚位	待机电压好脚位	触发脚位
W83627DHG、W83627EHG	61	75	68-67-73-72
W83627HF、W83627THF	61	70	68-67-73-72
W83527H	17	30	24-23-28-27
W83627UHG、NCT6627UD	61	75	68-67-73-72
NCT5532D	21	49	29-28-31-30
NCT5533D	21、45	33、47	29-28-31-30
NCT5535D	24	49	30-29-32-31
NCT5538D	24	47	30-29-32-31
NCT5571	23	47	30-29-33-32
NCT5563D	25、47	38、49	31-30-34-33
NCT5565	24、47	38、49	30-29-33-32
NCT5577D	21	49	29-28-31-30
NCT6779D、NCT6776D/F	46/85、97	73、101	61-60-64-63
W83667HG、W83667HGB	46、85	101	61-60-64-63
NCT6793D、NCT6795D	46/85、97	73、101	61-60-64-63
IT8686	33、64、96	53、114	104-101-100-105
IT8613	53	43	33-31-30-34
IT8602E/DX	12、28	7、43	33-31-30-34
IT8620E/BX	33、64、96	53、114	104-101-100-105
IT8712F IT8716F、IT8718F、IT8720F、IT8726F	67	85	75-72-71-76
IT8721F	35/67、70	85	75-72-71-76
IT8728F	35/67、66	24、85	75-72-71-76
IT8732F	67	85	75-72-71-76
IT8755E	30	44	35-33-32-36
IT8758E、IT8770	2、13、29、31	45	35-33-32-36
IT8765E/IT8756E	27	41	32-30-29-33
IT8771E	12	43	34-32-31-35
IT8772E	11、27	7、43	33-31-30-34
IT8772、NCT5573D	11	42	32-30-29-33
IT8782F	67	85	75-72-71-76
F71808E	25	36	31-32-33-34
F71858	40	47	39-38-35-34
F71862、F71882、F71883、F71869、F71860	68	85	80-81-82-83
F71889AD	65	81	76-77-78-79

② 示例：由华邦和联阳 I/O 芯片组成的触发电路框图如图 3-11 所示。

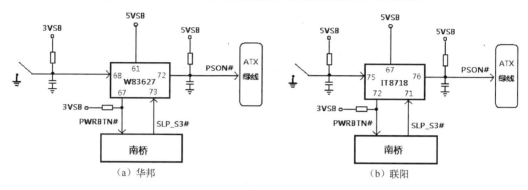

（a）华邦　　　　　　　　　　　　　（b）联阳

图 3-11　I/O 芯片触发电路框图

华邦和联阳 I/O 芯片相应脚正常的跳变方式：触发开关前→触发开关时→触发开关后。

W83627 系列：

68 脚为高电平→低电平→高电平。

67 脚为高电平→低电平→高电平。

73 脚为低或高电平→持续高电平。

72 脚为高电平→持续低电平。

ITE 系列（IT8711 除外）：

75 脚为高电平→低电平→高电平。

72 脚为高电平→低电平→高电平。

71 脚为低或高电平→持续高电平。

76 脚为高电平→持续低电平。

（3）触发信号不正常维修方法

采用 W83627 系列 I/O 芯片的主板，触发电路维修思路如下。

① 如果开关无高电平，检查开关的上拉电阻、电容和 I/O 芯片是否损坏。

② 如果开关有高电平，但按下开关 68 脚无跳变，检查开关到 68 脚的线路（跑线）。

③ 如果按开关前 67 脚没有 3.3V，先检查 I/O 芯片的待机供电是否正常，如果正常先换 I/O 芯片，最后再换桥芯片。

④ 如果按开关时 67 脚没有跳变，始终为 3.3V，则 I/O 芯片无供电或 I/O 芯片坏。

⑤ 如果按开关后 73 脚依旧低电平，先测量 73 脚是否短路，再检查桥芯片的待机条件。如果正常更换桥芯片。

⑥ 如果 68、67、73 脚都正常跳变了，72 脚始终为 5V，则 I/O 芯片坏。

⑦ 如果 72 脚已经变为 0V 低电平，绿线仍高电平，72 脚到绿线线路断线。

⑧ 如果按开关后，绿线跳变为低电平，依旧不上电，那是电源保护了。

第 5 步　根据测量结果判断故障元器件进行更换

经过以上 4 步测量后，根据测量的结果判断哪个元器件损坏，然后对元器件进行更换维修。

第4章
内存供电电路的工作原理及故障维修

内存供电电路为内存提供工作所需要的供电和电流，同时还为内存和内存控制之间的总线供电。可见内存供电的好坏直接影响了整机的稳定性以及主板的超频性能。现阶段维修主板时，需了解的内存主供电有三种，一种是比较老的主板使用 DDR2 内存，供电电压为1.8~2V，这里不做详解；第二种是 DDR3 内存的供电，电压为 1.5V；最新的 DDR4 内存的供电电压为 1.2V。

内存主供电电路都采用开关电源降压方式（PWM）。内存供电的开关电源电路一般由脉冲调制器（PWM）、MOS 管、电感和电容组成，如图 4-1 所示。

电容

脉冲调制器

MOS管

电感

图 4-1 内存供电的开关电源电路实物图

PWM 电路的工作原理如图 4-2 所示。PWM 芯片通过控制上管和下管的高速开和关来调节输出电压。当打开上管时，VIN 经过上管给电感和电容的储能电路充电并给后级供电。当电容电感充满电后，PWM 芯片控制关闭上管，而打开下管使电感、电容组成的储能电路能够形成闭合回路，使电感、电容放电继续给后级供电（下管构成放电回路）。图 4-2 中 T_1 为开启状态，T_2 为关闭状态，从图中可见，只要控制 T_1 的占空比就可以有效控制输出电压的高低。

但是在分析内存供电电路之前，先讲一个电压，它就是 5VDUAL。所谓 5VDUAL 就是5V 双路供电，意思是，待机时由 5VSB 供电，上电之后由于电流增大，切换到 VCC5 供电。5VDUAL 通常作为内存供电的输入源。

各个厂家的 5VDUAL 实现方式有所不同，由于篇幅有限，本章只分析一款最典型的5VDUAL 产生电路，如图 4-3 所示。

当待机状态，3VSBSW_L 为低电平，Q67 截止。+3VSB 通过 R791 上拉 5VD_C2 为高电平，再通过电阻 R792 和 R782 分别控制 Q68、Q65 导通。Q68 导通后拉低 Q66 的 G 极，Q66 为 P 沟道，低电平导通，+5VSB 流向+5V_DUAL。Q65 导通后拉低 QN13 的 G 极，

QN13 为 N 沟道，低电平截止。

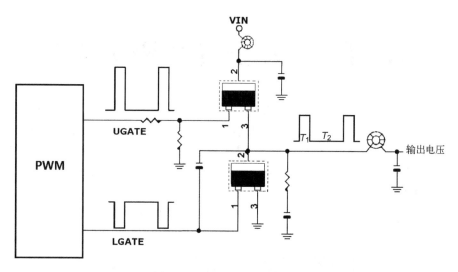

图 4-2　PWM 电路的工作原理

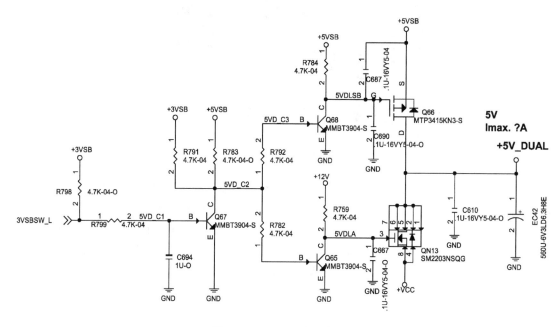

图 4-3　5VDUAL 产生电路

　　当触发开机之后，3VSBSW_L 为高电平。3VSBSW_L 通过 R799 控制 Q67 导通，拉低 5VD_C2，也就同步拉低了 Q68、Q65 的 B 极，Q68、Q65 都截止。5VSB 通过 R784 上拉 5VDLSB 为高电平，控制 Q66 截止。同时，+12V 通过 R759 上拉 5VDLA 为高电平，控制 QN13 导通，+VCC 流向+5V_DUAL，在 5VSB 和+VCC 的切换过程中，EC42 起续流作用，非常重要。

4.1 DDR3 内存供电电路分析

▷▷▷ 4.1.1 ISL6545 芯片的工作原理分析

Intel 主板从 H55 芯片组开始支持 DDR3 内存,而 AMD 主板从 RS880 芯片组开始支持 DDR3 内存,并且最大支持 8GB。DDR3 内存的工作频率比 DDR2 内存高,最大支持 1600MHz。但 DDR3 内存的工作电压只要 1.5V,一般主板提供 24A 左右电流。内存供电常用的控制芯片有 UP6109、UP6103 和 ISL6545。

ISL6545 的工作原理如图 4-4 所示。

ISL6545 的工作过程如下。

① 12V 电压经过二极管 D10、限流电阻 R486 给 U9 芯片 5 脚供电,12V 经过肖特基二极管 Q75 给芯片 1 脚供电。

② 5VDUAL 给 MOS 管 Q50 的 2 脚供电。

③ 短接开关后桥发出-S4_S5 高电平信号,经过电阻 R458 送到三极管 Q65 的 B 极,Q65 导通,C 极被拉为低电平。而三极管 Q69 的 B 极为低电平,Q69 截止。经过 U9 内部上拉 7 脚得到高电平开启信号。

④ U9 从 2 脚输出信号控制 Q50 导通,5VDUAL 经过 L7、Q50 给电感 L6、电容 BC153 慢慢充电,并输出 DDR_15V 电压给内存供电。

⑤ Q50 导通后 L6、BC153 慢慢充电,DDR_15V 电压就会慢慢升高,由电阻 R460 和 R468 分压取样送到 U9 的 6 脚,在内部与 0.6V 基准电压进行比较。

⑥ 当 U9 的 6 脚电压高于 0.6V 时,U9 控制 2 脚输出信号使 Q50 关闭,从 4 脚输出信号使 Q57 导通。

⑦ Q57 导通后形成闭合回路,电感 L6、电容 BC153 进行放电输出 DDR_15V 电压为内存供电。放电时 DDR_15V 电压慢慢下降,经过取样电阻返回到 6 脚。

⑧ 当 6 脚电压低于 0.6V 时,芯片关闭下管 Q57,再次打开上管 Q50 进行充电。

⑨ 在 U9 控制下 Q50、Q57 循环工作,由电容滤波后输出平滑的 DDR_15V 电压给内存供电。

▷▷▷ 4.1.2 UP6103 芯片的工作原理分析

微星生产的大量主板使用 UP6103 芯片控制主板内存供电和桥供电。由于使用率高,所以芯片损坏比较多。UP6103 的工作原理如图 4-5 所示。

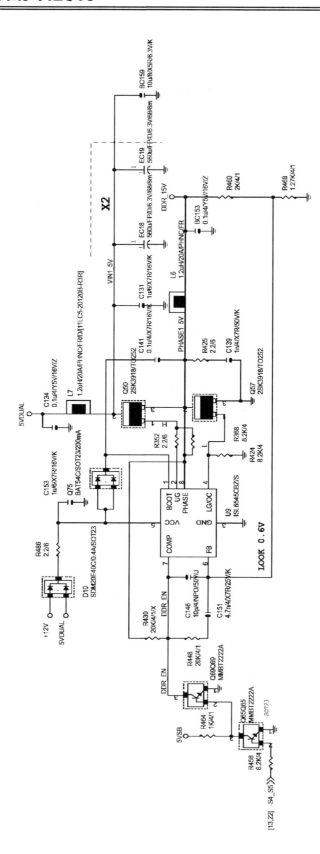

图4-4　ISL6545的工作原理图

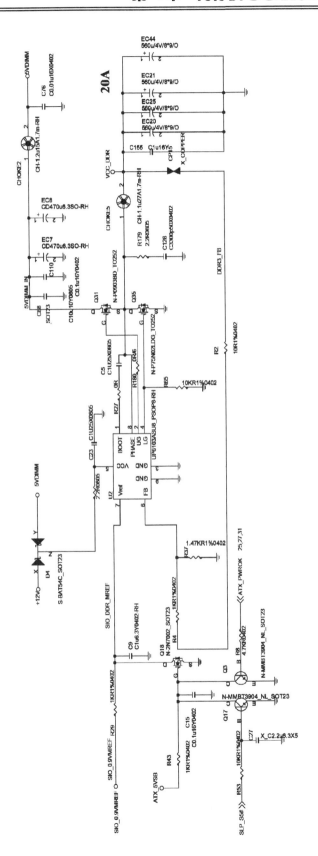

图4-5　UP6103的工作原理图

UP6103 的工作过程如下。

① 12V 电压经过二极管 D4、限流电阻 2.2Ω，给 UP6103 的 5 脚供电，UP6103 通过内部电路给 1 脚供电。

② 5VDIMM_IN 给 MOS 管 Q31 的 D 极供电。

③ 短接开关触发后，桥发出 SLP_S5#高电平信号，经过 10kΩ电阻 R53 送到三极管 Q17 的 B 极，使 Q17 导通，C 极被拉为低电平。而 MOS 管 Q18 的 G 极为低电平，Q18 截止。经过电阻 R29 上拉得到 0.9V 的 SIO_DDR_MREF 信号给 UP6103 的 7 脚，开启芯片工作。

④ UP6103 从 2 脚输出信号控制 Q31 导通，5VDIMM_IN 通过 Q31 给电感、电容充电，并输出 VCC_DDR 电压给内存供电。

⑤ Q31 导通后电感、电容慢慢充电，VCC_DDR 电压就会慢慢升高。VCC_DDR 通过电阻 R2，再经过电阻 R4 与 R37 分压取样送到 UP6103 芯片的 6 脚，在内部与 7 脚 0.9V 电压进行比较。

⑥ 当 UP6103 的 6 脚电压高于 0.9V 时，UP6103 控制 2 脚输出信号关闭 Q31，从 4 脚输出信号开启 Q35 导通。

⑦ Q35 导通后形成闭合回路，电感、电容进行放电输出 VCC_DDR 电压为内存供电。放电时 VCC_DDR 电压慢慢下降，经过取样电阻返回到 UP6103 芯片的 6 脚。

⑧ 当 UP6103 的 6 脚电压低于 0.9V 时，芯片关闭下管 Q37，再次打开上管 Q31 进行充电。

⑨ 在 UP6103 控制下 Q31、Q37 循环工作，经过电容滤波后输出平滑的 VCC_DDR 电压给内存供电。

4.2 DDR4 内存供电电路分析

DDR4 的内存供电与 DDR3 一样，依旧采用开关电源降压方式（PWM）。不过 DDR4 内存增加了一个 VPP 供电。下面以 Intel 平台为例讲解 DDR4 内存的供电原理和时序。技嘉 GA-H110M-H R10 主板的 VPP 供电时序控制电路如图 4-6 所示，VPP 供电电路如图 4-7 所示，DDR4 内存主供电电路如图 4-8 所示。

VPP 和内存主供电的具体工作过程如下。

① 触发后产生 5VDUAL，桥发出 N_-S4_S5，I/O 发出 MA_EN。

② MA_EN 控制 MAQ9 导通，N_-S4_S5 控制 MAQ8 导通，拉低 MAQ7 的 G 极，使 MAQ7 截止，VPP25_EN 没有被拉低，如图 4-5 所示。

③ 5VDUAL 给 MAU3 的 8 脚、9 脚、10 脚供电，5VDUAL 上拉 VPP25_EN 为高电平，控制 MAU3 开启（见图 4-6）。

④ MAU3 内部集成上下管，经过 MA_L3 输出 VPP_25V。

⑤ MAU3 通过 6 脚检测到 VPP_25V 稳定后，从 4 脚输出电源好信号 VPP25V_GD。

⑥ 5VDUAL 通过 MA_DR8 给 RT8237 芯片 7 脚供电，5VDUAL 通过 MA_L2 给上管 MA_DQ1 的 D 极供电。VPP25V_GD 送到 MAU2 的 3 脚作为开启（见图 4-7）。

⑦ MAU2 从 9 脚输出信号控制 MA_DQ1 导通，5VDUAL 通过 MA_L2、MA_DQ1 给电感 MA_L1 以及后级电容充电，并输出 VDDQ 电压给内存作主供电。

⑧ VDDQ 供电经过 MA_DR13 和 MA_DR12 组成的分压取样电路，反馈到芯片的 4 脚，在内部比较器与内部的 0.7V 基准电压比较。

⑨ 当返回到 RT8237 芯片 4 脚的电压高于 0.7V 时，芯片 9 脚输出信号关闭上管 MA_DQ1。从 6 脚输出信号驱动下管 MA_DQ2 导通，形成回路让电感和电容放电，给后级供电。

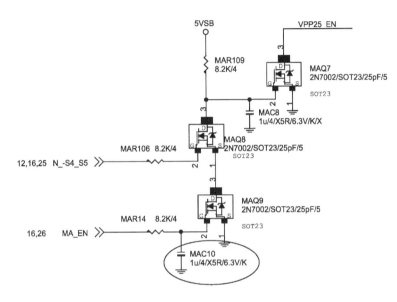

图 4-6　VPP 供电时序控制电路

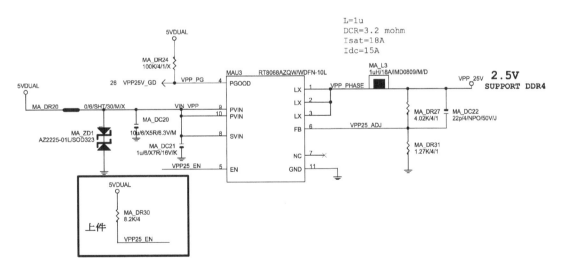

图 4-7　VPP 供电电路

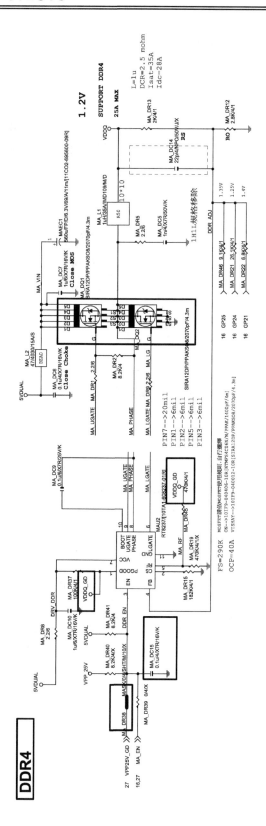

图4-8 DDR4内存主供电电路

⑩ 输出电压慢慢下降，当 RT8237 芯片 4 脚电压低于 0.7V 时，再次打开上管为电感电容元件充电，并再次输出电压。

⑪ ⑦～⑩步循环工作，再经过电容滤波输出稳定的 VDDQ 供电。

⑫ 当 VDDQ 稳定后，MAU2 从 1 脚输出 VDDQ_GD 表示内存主供电好。

4.3　内存 VTT 供电电路分析

内存负载供电英文名为 VTT_DDR，用于内存与内存控制器（北桥芯片或者 CPU）之间数据地址线上拉，稳定信号传输。VTT_DDR 供电一般采用 RT9173、RT9199、W83310、APL5336、UP7711、NCT3103S 专用芯片。RT9199 实物如图 4-9 所示，引脚定义如图 4-10 所示。

图 4-9　RT9199 实物图

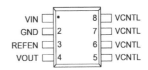

图 4-10　RT9199 引脚定义图

RT9199 等芯片是在外部用两颗电阻将输入电压分压后得到基准电压。它内部包含高速运算放大器，响应速度快，稳压精度高，并且有输出短路保护及过热保护等功能。该器件在使用时无须电感或者输出滤波电容，可以减少组件数目，节省系统设计空间，便于电路板的设计。

内存负载供电芯片 RT9199 的工作电路如图 4-11 所示。

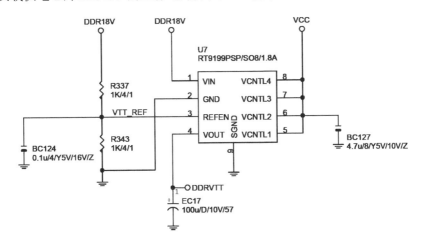

图 4-11　内存负载供电芯片 RT9199 的工作电路

工作原理：VCC 给芯片 5、6、7、8 脚供电，DDR18V 给芯片 1 脚供电，DDR18V 经过电阻 R337 和 R343 分压，得到电压值为 DDR18V 一半的 VTT_REF 电压，给芯片 3 脚提供一个参考电压输入，芯片从 4 脚输出 DDRVTT 供电，电压值与 3 脚参考电压一致。

在 Intel 平台中，DDR4 内存的 VTT 电压多了一个 CPU 发来的时序控制信号，那就是 DDR_VTT_CTRL，通常需要 CPU 收到 VCCST_PWRGD 后才会发出 DDR_VTT_CTRL。微星 Z370 7B73-1.0 主板上的 DDRVTT 供电电路如图 4-12 所示。

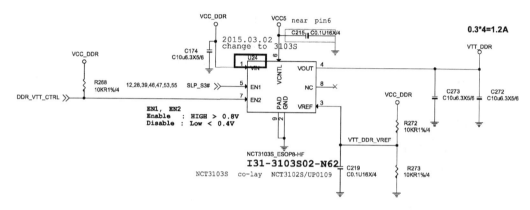

图 4-12　Intel 平台的 DDRVTT 供电电路

VCC5 给 U24 供电，VCC_DDR 给 U24 做电压输入，SLP_S3#和 DDR_VTT_CTRL 作为开启，VCC_DDR 经过 R272 和 R273C 串联分压产生 VTT_DDR_VREF 输入给 U24 的 3 脚作为基准电压，U24 输出 VTT_DDR。

在 AMD 平台中，DDR4 内存的 VTT 电压就简单了。微星主板 AM4 MS-7B00-1.1 中的 DDRVTT 供电电路如图 4-13 所示。U34 的两个开启信号 DDRVTT_CNTL 直接接到了供电的 6 脚上，也就是只要有 VCC5 输入就可以了。1 脚为电压输出，3 脚为基准电压输入，4 脚为电压输出，这些都没有区别了，这里不再重复阐述。

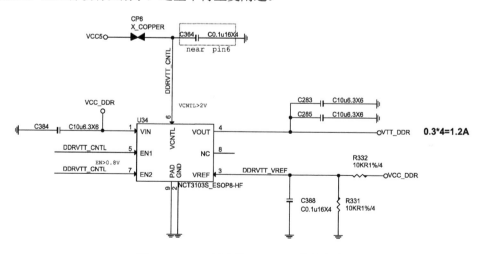

图 4-13　AMD 平台的 DDRVTT 供电电路

4.4 内存供电故障的维修方法

内存供电故障的维修步骤如下。

① 目测供电电路是否烧伤、掉件，电容是否鼓包、漏液。如果发现有以上现象，先更换损坏的元器件。

② 测量内存供电对地是否短路、MOS 管是否损坏。内存供电对地值不为 0，就不能判断内存供电短路，只有为 0 才能确定内存供电短路。

③ 按供电控制芯片引脚定义测量 VCC、BOOT 脚电压不能低于 4.5V，如果电压不正常，检查引脚外电阻、二极管或者电容。

④ 测量芯片的 EN 脚是否为高电平。常见的芯片 EN 脚电压为 0.4V 以上。EN 脚电压为低电平，检查控制信号 SLP_S4#、SLP_S5#，以及更换开启信号转换电路中的三极管和控制芯片。

⑤ 工作条件 VCC、BOOT、EN 这些都正常后还没有发现问题，只能更换控制芯片、输出 MOS 管及滤波电容。

DDR3 内存关键电压测量点：内存主供电在内存插槽旁边大电感测量，内存基准电压在内存插槽 1 脚测量，内存总线供电 VTTDDR 在内存 120 和 240 脚测量，内存 SPD 供电在内存插槽 236 脚测量。

DDR4 内存关键电压测量点：内存主供电在内存插槽旁边大电感测量，内存基准电压在内存插槽 146 脚测量，内存总线供电 VTTDDR 在内存 77 脚测量，内存 SPD 供电在内存插槽 284 脚测量，内存 VPP 供电在内存插槽 142、143、286、287、288 脚测量。

DDR3 和 DDR4 内存数脚示意图如图 4-14 所示。

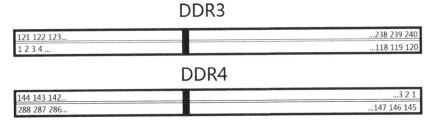

图 4-14 DDR3 和 DDR4 内存数脚示意图

第5章
桥供电和CPU外围供电电路的工作原理及故障维修

5.1 Intel主板桥供电和CPU外围供电的工作原理

桥（芯片组）是主板的核心组成部分，在桥内部集成了很多不同功能的模块。这些功能模块要正常工作都需要不同的电压和电流，有稳定的电压和电流，桥才能稳定工作。桥内部集成的功能模块越多，所需的供电电流就越大，因此Intel芯片组主板桥核心供电一般采用PWM开关电源降压给桥提供足够大的电流。不同品牌、不同型号的主板，使用的控制芯片不同，但工作原理基本一样。常用的芯片有RT9214、RT9202、APW7120、ISL6520、ISL6545、NCP1587、UP6109、UP6103、RT8125等，都是8个引脚，工作原理基本相同。

H61/H77芯片组的主板，CPU外围供电包含有VCCPLL（锁相环供电）、VCCSA（系统管家供电）、VCCIO（总线供电）等供电，H87上取消了VCCPLL、VCCSA，增加了一个1.5V的桥供电VCCVRM；H110以后，把VCCSA和VCCIO加回来了，还增加了VCCST（维持供电），有些厂家还会给VCCPLL_OC独立供电。

除桥的核心供电外，其他供电分列统计如下。

H61/H77：VCCPLL供电1.8V、VCCSA供电0.9V左右、VCCIO供电1.05V。

H87：VCCVRM桥供电1.5V。

H110/Z270/Z370：VCCST供电1V、VCCSA供电1.05V、VCCIO供电0.9V、VCCPLL_OC。

这些供电有的采用运放+MOS管方式，有的采用PWM方式，下面按产生方式来分析。需要说明的是，在H61/H77芯片组中，VCCSA供电一般采用运放+MOS管方式，到了H110以后，它的供电方式又与VCCIO供电相似，所以，这里不对VCCSA做分析，请读者自行参考其他供电的原理。

▷▷▷ 5.1.1 桥的核心供电电路分析

Intel H61芯片组主板常使用NCP1587产生桥的核心供电PCH_1P1，如图5-1所示。（H77和H87的桥核心供电降为1.05V，H110以后再降为1V，它们的工作原理一样，不重复阐述）。

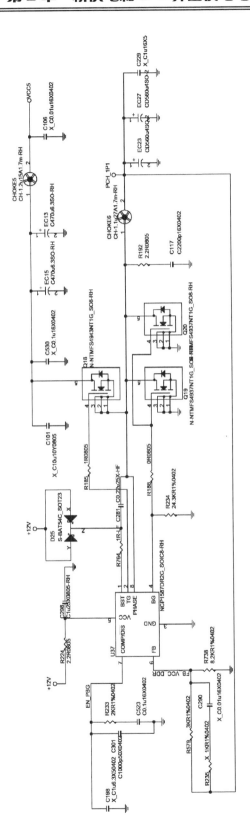

图5-1　PCH_1P1供电产生电路

① +12V 主供电一路通过电阻 R224 给 NCP1587 的 5 脚供电,另一路经过 D25 给 NCP1587 的 1 脚供电。

② VCC5 经过电感电容滤波后送到 Q18 的 D 极,7 脚通过芯片内部上拉为高电平。

③ NCP1587 芯片开启工作,2 脚 TG 输出高电平使 Q18 导通,VCC5 降压输出 PCH_1P1,经过电感储能、电容滤波后输出稳定的桥供电 PCH_1P1。

④ PCH_1P1 经过电阻 R579、R738 串联分压后得到 0.8V 电压,送到 FB 脚。

⑤ 当输出电压高于 1.1V 时,经过 R579、R738 分压后得到的电压值高于 0.8V,芯片就会关闭 Q18,开启 Q19 和 Q20,通过 Q19、Q20 形成回路,由电感、电容放电继续给桥供电,如此循环输出稳定的桥供电。

▷▷▷ 5.1.2　VCCPLL 和 VCCVRM 供电电路分析

H61/H77 芯片组主板的 VCCPLL 供电和 H87 芯片组主板的 VCCVRM 供电原理一致,都是采用运放+MOS 管方式,只是 VCCPLL 为 1.8V,VCCVRM 为 1.5V。VCCPLL 供电电路如图 5-2 所示。

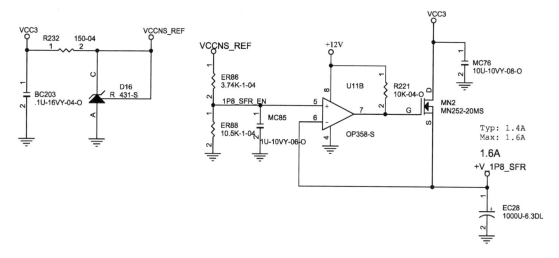

图 5-2　VCCPLL 供电电路

① VCC3 经过 R232 限流后被精密稳压器 431(D16)稳压成 2.5V(VCCNS_REF)。

② VCCNS_REF 经过 ER86 和 ER88 串联分压,产生 1.8V 的 1P8_SFR_EN,送给运算放大器 U11 的 5 脚。

③ 运算放大器 5 脚电压高于 6 脚电压,从 7 脚输出高电平驱动 MN2 导通,使 VCC3 降压为+V_1P8_SFR,由 EC28 滤波,同时反馈给运算放大器的 6 脚。运算放大器不断地调整,使输出电压维持在稳定的 1.8V。

▷▷▷ 5.1.3　VCCIO 供电电路分析

H61/H77 芯片组主板的 VCCIO 供电一般也叫 VTT 供电,也采用 PWM 方式供电,如图 5-3 所示。

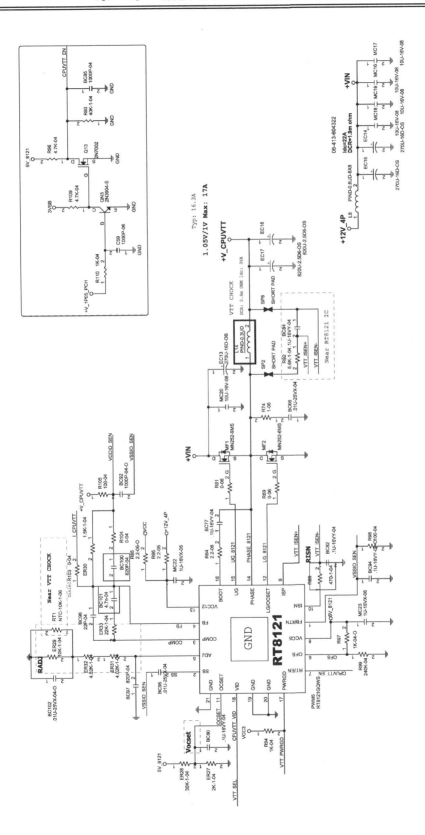

图5-3　H61/H77芯片组主板的VCCIO供电电路

H61/H77 芯片组主板的 VCCIO 供电电路原理如下。

① 12V 小电源输出的+12V_4P 一路供给 RT8121 的 12 脚,另一路转换为+VIN 供给 PWM 的上管 MF1。

② RT8121 自身内部产生 5V 从 8 脚输出 5V_8121,经过 ER28、ER27 串联分压产生 OCSET,设定电路的极限电流。

③ 当桥核心供电+V_1P05_PCH 稳定后,经过 R110 控制 QN3 导通,从而 Q13 截止,5V_8121 经过 R96、R93 串联分压后产生高电平的 CPUVTT_EN,送给 RT8121 的 7 脚。

④ RT8121 通过 15 脚、12 脚分别控制上下管 MF1、MF2 轮流导通,经过 L14、EC17、EC18 储能滤波后输出稳定的+V_CPUVTT。

⑤ RT8121 通过 4 脚检测输出电压,通过 9、10 脚检测输出电流。

⑥ 当+V_CPUVTT 电压稳定后,RT8121 从 17 脚输出电源好信号 VTT_PWRGD。

H110/Z270/Z370 芯片组主板的 VCCIO 供电电流稍小,一般采用集成上下管的供电芯片,如图 5-4 所示。

H110/Z270/Z370 芯片组主板的 VCCIO 供电电路原理如下。

① 触发开关后,ATX 输出+12V 经过电感 L28、L29 更名为+12V_IO,送给 U9 的 1 脚作为主供电;VCC3 给 U9 的 3 脚供电。

② 由 PCH 发出的高电平 SLP_S3#经过 Q56 转换为低电平的 SLP_S3_CTRL。

③ SLP_S3_CTRL 控制 Q126 截止,这样+12V_IO 经 R17 和 R24 串联分压后得到高电平的 VCCIO_EN,送给 U9 的 15 脚。

④ U9 内部集成的上下管轮流导通,从 SW 脚输出,经 CHOKE12 和后面的电容储能滤波后,产生 VCCIO 供电。

⑤ VCCIO 经过 R23、R27、R270 串联分压后产生 VCCIO_SENSE、VCCIO_FB 反馈给 U9 的 6 脚和 13 脚。

⑥ 当 U9 通过 6 脚 VCCIO_SENSE_R 检测到 VCCIO 电压稳定后,从 12 脚输出 VCCIO_PG。

▷▷▷ 5.1.4 VCCST 供电电路分析

H110/Z270/Z370 芯片组主板上的 VCCST 供电工作原理上没有太多需要注意的特色,倒是时序上,VCCST 供电是跟内存供电同一级别的,属于 SLP_S4#控制的。而本章前几节所讲的桥核心供电、VCCSA、VCCIO 等供电都是 SLP_S3#控制的。VCCST 供电电路如图 5-5 所示。

H110/Z270/Z370 芯片组主板上的 VCCST 供电产生原理如下。

① 5VDUAL 经过 R332 给 U35 的 4 脚 VDD 供电。

② 3VSB 给 U35 的 3 脚 VIN 供电。

③ 触发开关后,PCH 发出 SLP_S4#,控制 Q66 的 D1 和 S1 导通,拉低 VSTPLL_EN_S4,使得 D2 和 S2 之间不导通。

④ 3VSB 经过 R403 上拉 VSTPLL_EN 为高电平,送给 U35 的 2 脚 EN 开启芯片。

⑤ U35 是个线性稳压器,直接从 6 脚 VOUT 输出 VCCSTPLL。

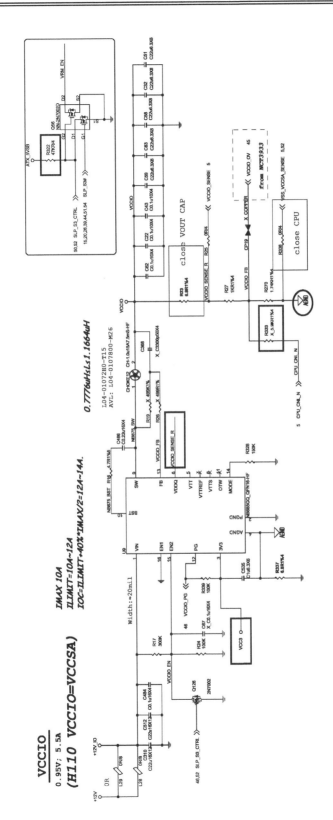

图5-4　H110/Z270/Z370芯片组主板的VCCIO供电电路

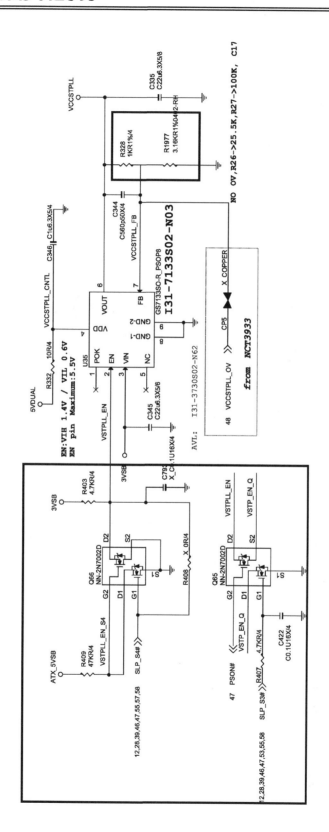

图5-5 VCCST供电电路

⑥ VCCSTPLL 经过 R328、R1977 分压反馈给 U35 的 7 脚 FB。

⑦ 当芯片检测到电压正常后，发出 1 脚的 POK，这里没有采用。

▷▷▷ 5.1.5　VCCPLL_OC 供电电路分析

H110/Z270/Z370 芯片组主板上，CPU 还有个 VCCPLL_OC 供电，有些厂家直接采用内存供电，比如技嘉和精英。还有些厂家采用独立的供电，比如微星。微星主板上的 VCCPLL_OC 供电电路如图 5-6 所示。

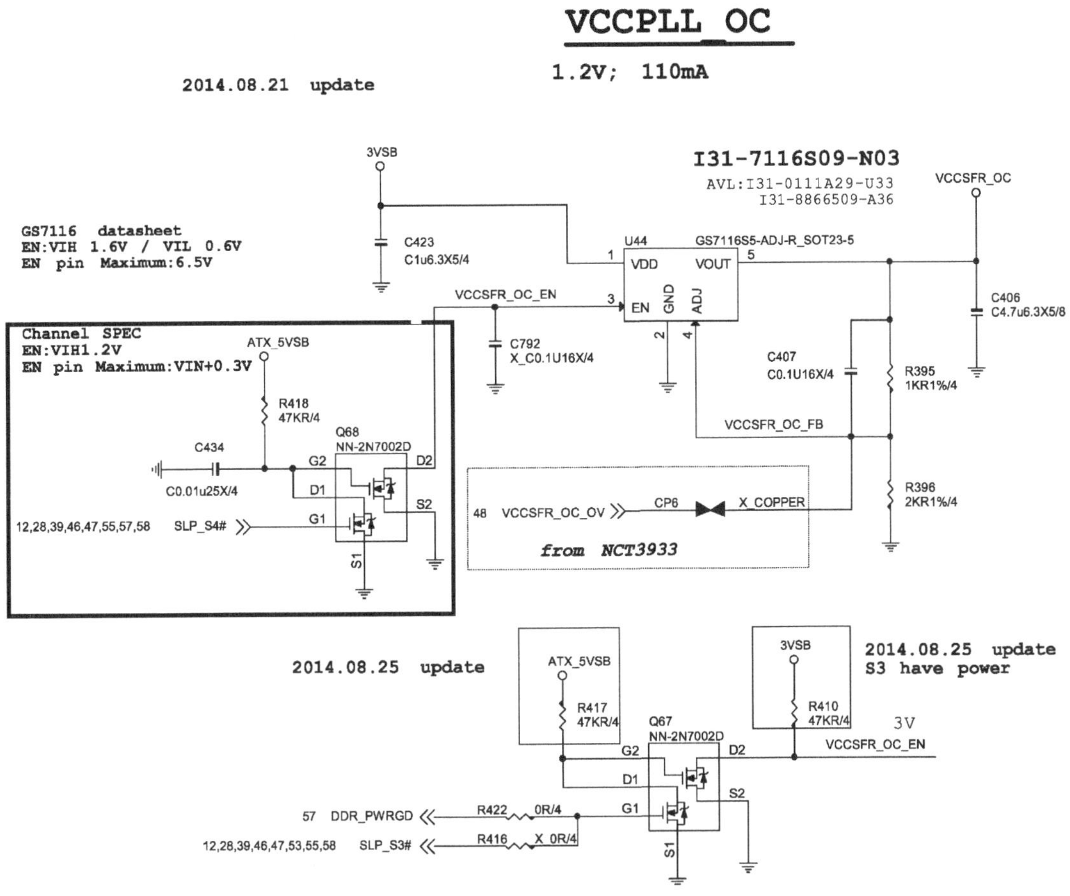

图 5-6　VCCPLL_OC 供电电路

图 5-6 中，VCCPLL_OC 供电原理如下。

① 3VSB 给 U44 供电。

② 触发开关后，桥发出 SLP_S4#，控制 Q68 的 D1 和 S1 导通，拉低 G2，使得 D2 和 S2 截止。

③ 同时，内存供电稳定后，内存供电芯片发出 DDR_PWRGD 经过 R422 控制 Q67 的 D1 和 S1 导通，拉低 G2，使得 D2 和 S2 截止。

④ 由 3VSB 经 R410 上拉 VCCSFR_OC_EN 为高电平，送给 U44 的 3 脚开启芯片。

⑤ U44 输出 VCCSFR_OC，通过 R395 和 R396 分压反馈给 4 脚，实时调节电压，保持 VCCSFR_OC 输出稳定在 1.2V。

5.2 AMD 主板桥供电和 CPU 外围供电的工作原理

A85 芯片组的桥供电主要是 1.1V，而 CPU 所需的供电比较多，主要有 VDDA（2.5V）、VDIMM（内存供电）、APU_CORE（CPU 核心供电）、APU_CORE_NB（CPU 内部集成的 NB 北桥供电）、VDDP/VDDR（总线供电）。这些供电的时序如图 5-7 所示。

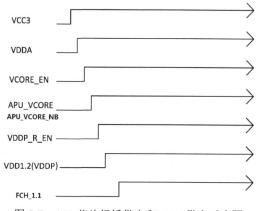

图 5-7　A85 芯片组桥供电和 CPU 供电时序图

图 5-7 中时序解释如下。

① 触发上电后，SLP_S5#控制产生内存供电，SLP_S3#控制 ATX 电源工作输出 VCC3。

② VCC3 转换出 2.5V 的 VDDA。

③ VDDA 转换出 VCORE_EN，去开启 CPU 核心供电和 CPU 内 NB 供电。

④ CPU 供电正常后，转换出 VDDP_R_EN，控制产生 1.2V 的 VDDP 供电。

⑤ VDDP 供电降压为桥的核心供电 1.1V。

由于其供电的原理基本与 Intel 的相同，这里就不再重复叙述。

▷▷▷ 5.2.1　A85 芯片组主板 VDDA 供电电路分析

A85 主板搭配的 FM2 CPU 需要的 VDDA 供电是触发开机后除内存供电以外的第一个供电。VDDA 为 CPU 内部所有的模拟电路部分供电，包括 ADC 模块、复位电路、PVD（可编程电压监测器）、PLL 电路、上电复位（POR）和掉电复位（PDR）模块等。VDDA 供电有的采用 LDO 方式，有的采用运放+MOS 管方式。VDDA 供电电路如图 5-8 所示。

VDDA 供电的原理简述如下。

① VCC3 经过 D23 稳压成 VREF25，VCC3 给 MN22 供电，+12V 给运放 U34 供电。

② VREF25 经过 ER7、ER15 分压得到 1.5V，加到运放的 5 脚同相输入端。

③ 运放从 7 脚输出高电平驱动 MN22 导通，经 EC44 滤波后，输出 VDDA25。

④ VDDA25 经过 ER16、ER17 分压反馈给运放的 6 脚反相输入端，运放不断地调整 7

脚输出状态，维持 VDDA25 的稳定。

VDDA25

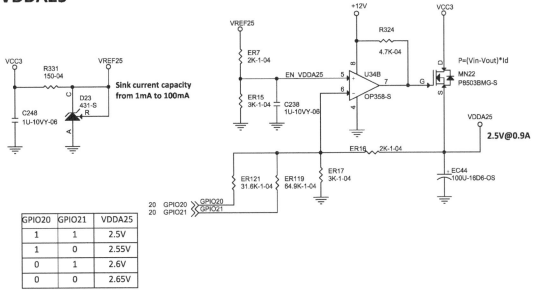

图 5-8　VDDA 供电电路

⑤ GPIO20、GPIO21 是用于超频时调节电压的。当这两个信号都为高电平时，VDDA25 输出为标准的 2.5V。而当这 2 个信号都为低电平时，会使 ER121、ER119 与 ER17 形成并联接地的关系，改变了 ER16、ER17 的比率，也就把 VDDA25 调整到输出 2.65V 了。

▷▷▷ 5.2.2　A85 芯片组主板 VDDP 供电电路分析

CPU 核心供电和 NB 供电在这一章节先不分析，接下来分析 VDDP 供电。在 A85 芯片组主板上，VDDP 供电主要给 CPU 内的 PCI-E 模块，VDDR 给内存管理模块供电。VDDP 和 VDDR 都是 1.2V，所以一般厂家都把 VDDP 和 VDDR 连接在一起。VDDP 供电电路如图 5-9 所示。

A85 芯片组主板的 VDDP 供电也是采用普通的 PWM 供电，原理与 Intel 芯片组的桥核心供电一样，这里只简述流程如下。

① VCC 给上管 MN20 供电，+12V 给主控芯片 PWM3 的 VCC 和 BOOT 供电。

② CPU 供电正常后，转换过来的 VDDP_R_EN 送给主控芯片 PWM3 的 7 脚作为开启信号。

③ 主控芯片从 2 脚和 4 脚分别输出方波控制 MN20、MN19 轮流导通，经 L13、EC33 储能滤波后输出 VDD1.2 电压，再改名为 APU_VDDP。

④ VDD1.2 经过 ER57、ER58 分压反馈给主控芯片的 6 脚，使芯片能及时收到反馈电压，从而调整输出。

⑤ GPIO50、GPIO51 的原理与 5.2.1 节的 VDDA 电路中 GPIO 信号原理相同，不再重复叙述。

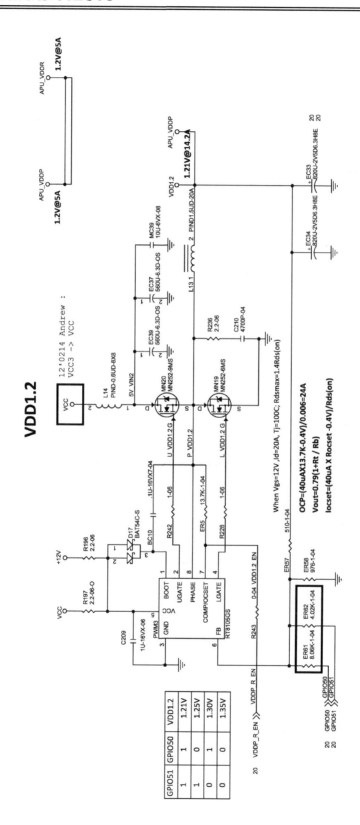

图5-9 A85芯片组主板的VDDP供电电路

▷▷▷ 5.2.3 A85 芯片组主板 1.1V 桥供电电路分析

A85 芯片组主板桥供电大部分采用运算加 MOS 管降压提供 1.1V 供电，如图 5-10 所示。

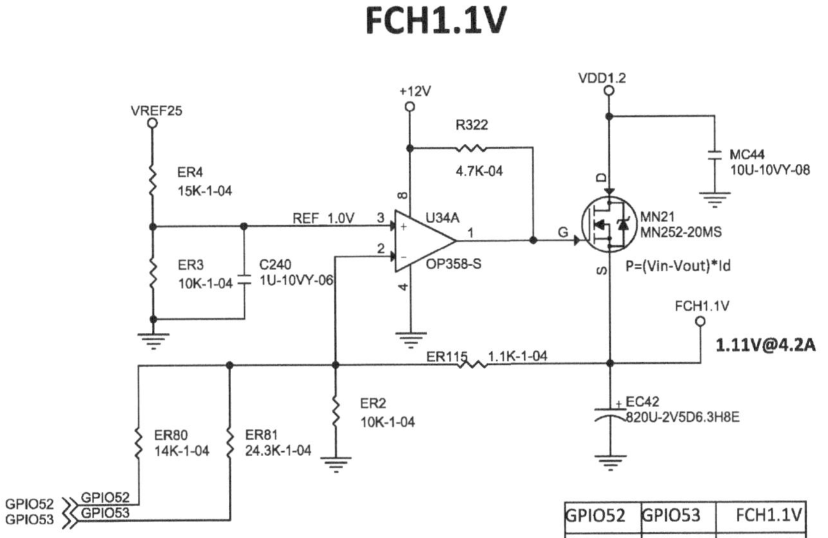

GPIO52	GPIO53	FCH1.1V
1	1	1.11V
1	0	1.15V
0	1	1.18V
0	0	1.21V

图 5-10　A85 芯片组主板桥供电电路

① VDD1.2 给 MN21 供电。

② VREF25 分压产生 REF_1.0V 给运放 3 脚，运放从 1 脚输出高电平驱动 MN21 导通，经 EC42 滤波后，输出 FCH1.1V。

③ FCH1.1V 经 ER115、ER2 分压反馈给运放 2 脚，运放不断调整 1 脚的输出，使 MN21 持续输出稳定的 FCH1.1V。

④ GPIO52、GPIO53 也是用于超频时调节 FCH1.1V 的电压。

▷▷▷ 5.2.4 B350 芯片组主板桥供电和 CPU 外围供电电路分析

AMD B350 芯片组的主板，CPU 已经接管了桥的很多功能，导致桥的地位越来越低。在 B350 芯片组中，开机之后产生给 CPU 的供电有内存控制器供电 VDDIO_MEM、1.05V 的 PCIE 控制器供电 VDDP、1.8V 的 I/O 端口供电 VDD_18、CPU 核心供电 VDDCR_CPU、NB 供电 VDDCR_SOC；开机之后产生给桥的供电有核心供电 VDD105、VCC25 供电。另外 CPU 和桥都需要一个 VCC3 供电，这个供电直接由 ATX 电源橙色线提供，这里就不分析了。接下来以微星 AM4 MS-7B00-1.1 为例分析这些供电（CPU 核心供电、NB 供电、内存控制器供电除外）的电路和时序。

CPU 的 VDDP 供电电路如图 5-11 所示。

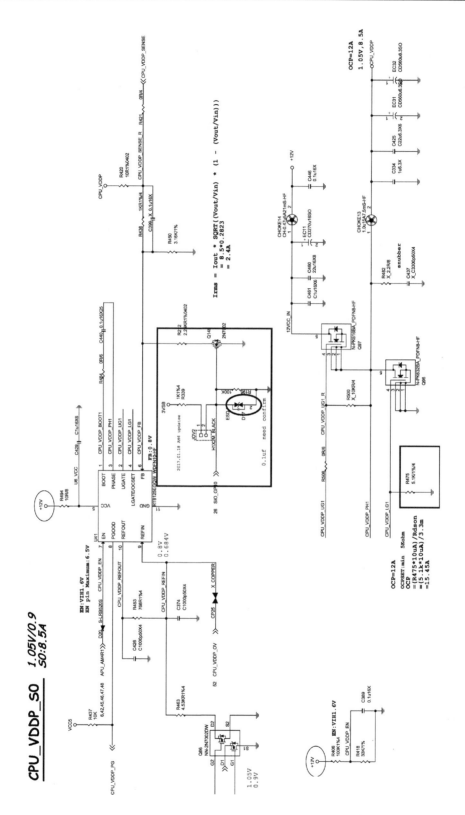

图5-11 CPU的VDDP供电电路

VDDP 供电电路原理如下。

① 当触发上电后，CPU 发出高电平的 SLP_S3#。当内存供电正常后，内存供电芯片发出高电平的 DDR_PWRGD。

② DDR_PWRD 和 SLP_S3#共同控制 Q77 导通，拉低 Q89 的 G1 和 G2（见图 5-12）。

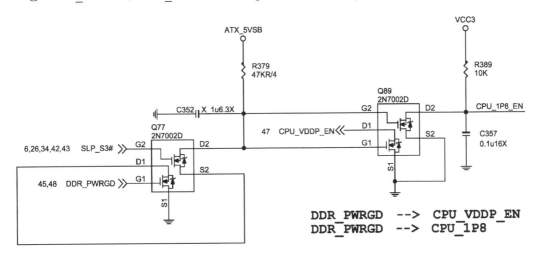

图 5-12　VDDP 供电时序控制

③ VCC3 经过 R389 上拉 CPU_1P8_EN 为高电平，同时+12V 经 R406/R418 分压产生 3V 左右的高电平 CPU_VDDP_EN。

④ CPU_VDDP_EN 送给 U41 的 7 脚作为开启。

⑤ U41 在得到供电后从 10 脚输出基准电压，回到 9 脚作为基准电压输入。

⑥ U41 发出 CPU_VDDP_UG1、CPU_VDDP_LG1 分别控制 Q97、Q96 轮流导通，经 CHOKE13 和后端电容储能滤波后，输出 CPU_VDDP。

CPU 的 VDD_18 供电电路如图 5-13 所示。

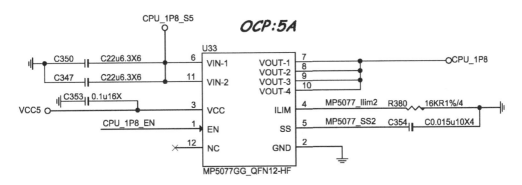

图 5-13　CPU 的 VDD_18 供电电路

CPU 的 VDD_18 供电原理是，在图 5-12 中产生的 CPU_1P8_EN 输入给 U33 作为开启信号，U33 得到 CPU_1P8_S5 和 3 脚 VCC5 后，内部直接输出 CPU_1P8 电压。

桥的 VDD105 供电电路如图 5-14 所示。

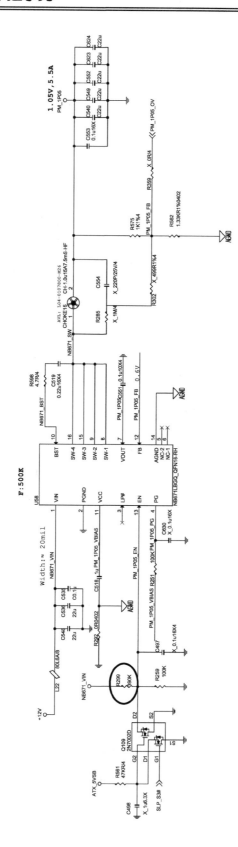

图5-14 桥的VDD105供电电路

① 触发开机后，+12V 经 L22 送给 U58 的 1 脚供电。

② CPU 发出高电平的 SLP_S3#，拉低 Q109 的 D1 和 G2，使 D2 和 S2 断开。

③ 由 NB671_VIN 经 R299 和 R259 分压得到高电平的 PM_1P05_EN，送给 U58 的 13 脚作为开启信号。

④ U58 内部集成的上下管轮流导通，从 16、15、9、8 脚输出，经 CHOKE15 和后端电容储能滤波后，输出稳定的 PM_1P05。

⑤ PM_1P05 经 R575、R582 分压反馈给 U58 的 12 脚。同时，U58 通过 7 脚检测 PM_2P5V。

⑥ U58 最后从 4 脚输出 PM_1P05_PG，由 PM_1P05_VBIAS 上拉得到高电平。

桥的 VCC25 供电电路如图 5-15 所示。

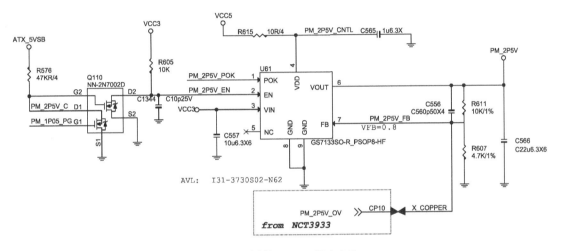

图 5-15　桥的 VCC25 供电电路

① 触发开机后，ATX 电源的 VCC5 给 U61 的 4 脚供电，VCC3 给 3 脚供电。

② 当 PM_1P05 电压正常后产生 PM_1P05_PG，控制 Q110 的 D1、G2 接地，使 Q110 的 D2、S2 截止。

③ VCC3 经 R605 上拉 PM_2P5V_EN，送给 U61 的 1 脚开启。

④ U61 从 6 脚输出 PM_2P5V。

⑤ PM_2P5V 经 R611、R607 分压反馈给 U61 的 7 脚。

⑥ U61 最后输出 PM_2P5V_POK。

5.3　桥供电和 CPU 外围供电电路故障的维修方法

第 1 步　目测供电电路是否烧伤、掉件，电容是否鼓包、漏液，如果有以上现象先进行更换。

第 2 步　测量供电对地是否短路，对地值不为 0 就不能判定短路。

第 3 步　测量供电 MOS 管是否损坏。

第4步 区分供电电路的供电方式。

第5步 按供电方式测量工作条件。

运放+MOS 管：测量 MOS 管 D 极供电、G 极控制信号电压，都正常换 MOS 管。无控制信号，则检查运算放大器同相输入端信号及信号来源。

开关电源：按供电控制芯片引脚定义测量 VCC、BOOT 脚电压不能低于 5V，EN 脚是否为高电平 0.4V 以上电压。电压不正常检查引脚外电阻及控制电路。

第6步 工作条件正常后，更换控制芯片、输出 MOS 管及滤波电容。

第6章
CPU核心供电和集显供电电路工作原理及故障维修

CPU一般需要的供电有多个，比如Intel一代I3/I5/I7 CPU需要5个供电，二代、三代I3/I5/I7需要6个供电，四代、五代需要的少点，但到了六代以后，CPU需要的电压又多起来了。这些供电里，只有CPU的VCC脚才是核心供电。本章主要讲解几种常见的CPU核心供电芯片的工作原理。

6.1　CPU核心供电和集显供电电路的结构及原理

▷▷▷ 6.1.1　电路结构

CPU是计算机的核心，处理数据很多，所以CPU工作要有很大的电流。一般CPU供电都由PWM开关电源降压得到，供电电路由电源管理芯片、MOS管（两个或两个以上）、电感和电容四部分组成，并且采用多相供电，如图6-1所示。

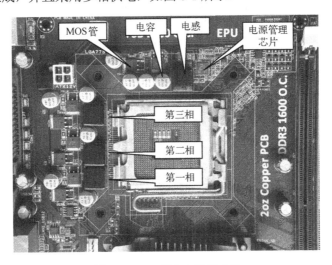

图6-1　CPU供电电路组成图

CPU供电采用的是多相PWM电路，目前CPU核心供电的电路结构有如下几种。

第一种结构（见图6-1）由电源管理芯片和MOS管组成降压电路，结构如图6-2所示。电源管理芯片内部集成驱动器，电源管理芯片直接控制MOS管降压。

第二种结构由电源管理芯片、驱动芯片和 MOS 管组成降压电路，结构如图 6-3 所示。电源管理芯片内部不集成驱动器，由两个芯片组成电路，实物如图 6-4 所示。常见电源管理芯片有 RT8802、RT8800、ISL6323 等，常见驱动芯片有 RT9605、RT9619、RT9603 等。

图 6-2　供电结构一

图 6-3　供电结构二

图 6-4　CPU 供电结构二实物图

第三种结构由电源管理芯片和 DRMOS 组成降压电路，结构如图 6-5 所示，实物如图 6-6 所示。DRMOS 内部集成驱动器和 MOS 管，可以直接输出 CPU 供电，常见于 MSI 高端主板 CPU 供电电路中，常用的电源管理芯片有 ISL6333A。

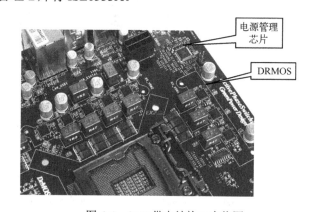

图 6-5　供电结构三

图 6-6　CPU 供电结构三实物图

这里需要注意的是，在 H61、H77、H110 及以上平台上，CPU 周围的电感不全是核心供电，还有 VTT 供电和集显供电（也有人称之为核显供电），如图 6-7 所示。

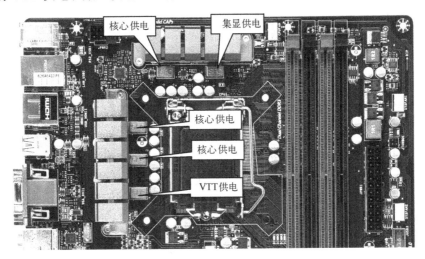

图 6-7　CPU 周围的电感

▷▷▷ 6.1.2　供电原理

电源管理芯片要控制 MOS 管进行降压得到 CPU 供电，无论是 Intel 或者 AMD 的 CPU，供电的产生条件都一样，电源管理芯片得到供电 VCC、VID 信号、开启信号 EN 三个条件后，控制电路工作产生 VCORE，当然反馈电路也需要正常。

① VCC 是主芯片和驱动芯片的供电，包括 VCC、PVCC、BOOT、BST 等脚。

② EN 用来开启电源管理芯片工作，控制 CPU 供电时序，它受控于外围电路，高电平时电源管理芯片工作（通常 1V 以上）。常见电源管理芯片的 EN 脚名称有 EN、ENLL、DVD、VR_Enable、OUTEN、ENABLE、SHDN#、VCORE_EN 和 VRM_EN 等。

③ VID 是一组 CPU 发来的信号，现在都是串行 VID（SVID）。

VID（Voltage Identification Definition，电压识别）是一种电压识别技术，VID 信号是 CPU 发出的信号，不同的 CPU 会有不同 VID 组合，实现装入不同的 CPU 可以产生不同的 CPU 电压。

AMD 早期和 Intel 5 系列芯片组（HM55 等）之前，使用的 VID 都属于 PVID。其基本原理就是在 CPU 上设置了 4~8 个 VID 识别脚，并通过预设在这些识别脚上的高低电平值，形成一组 VID 识别信号，当 VID 识别脚上为高电平时，则为二进制的 1 状态；当 VID 识别脚上为低电平时，则为二进制的 0 状态。根据这些 1 与 0 的组合，就形成了一组最基本的机器语言信号，并由 CPU 传输到 CPU 供电电路中的电源管理芯片，电源管理芯片根据所得到的 VID 信号，调整输出脉冲信号的占空比，迫使 CPU 供电电路输出的直流电压与预设的 VID 所代表的值一致。

采用 VID 技术的好处是不再用硬跳线或 DIP 开关的方式来进行 CPU 电压的调节，并且由于 VID 技术的可编程特性，使得主板厂商可以开发出利用 BIOS 调节 CPU 电压的功能，可以通过一些软件来实现 CPU 电压的动态调节，方便了一些计算机爱好者对于超频功能的追求。

Intel 公司为其不同时间生产的各款 CPU 制定了相应的电压调节模块（Voltage Regulation Model，VRM）设计规范，从 Prescott 核心微处理器开始，电压调节规范改用 VRD（Voltage Regulation Down）来命名，各版本供电设计规范中的 VID 位数、电压调节精度和电压调节范围都各不相同。伴随着 VRM 和 VRD 标准的增高，VID 位数在逐渐增加，电压调节精度变小，电压范围也随之变小，见表 6-1。

表 6-1   VRM 等级表

VRM 或 VRD 标准	所支持的处理器类型	VID 位数	每步进电压调节精度	电压范围
VRM8.1	Pentium II	5	100mV	1.8～3.5V
VRM8.2	PPGA 赛扬	5	100mV	1.4～3.5V
VRM8.3	Pentium II 多 CPU	5	100mV	1.3～2.05V
VRM8.4	Pentium III	5	50mV	1.3～3.5V
VRM8.5	Pentium III（Tualatin 核心）	5	25mV	1.05～1.825V
VRM9.0	Pentium 4（Willamette & Northwood 核心）	5	25mV	1.10～1.85V
VRD10.0	Pentium 4（Prescott 核心）	6	12.5mV	0.8375～1.6000V
VRD11.1		8	0.50000～1.60000V	
VRD12.0		8	正常范围 0.6～1.35V	

VRD11.1 电压调节表的部分截图如图 6-8 所示，不同的组合代表不同的电压。

Table 1-9. VR11.1 VID Table (Same as VR11.0 VID Table)

VID7	VID6	VID5	VID4	VID3	VID2	VID1	VID0	Voltage
0	0	0	0	0	0	0	0	OFF
0	0	0	0	0	0	0	1	OFF
0	0	0	0	0	0	1	0	1.60000
0	0	0	0	0	0	1	1	1.59375
0	0	0	0	0	1	0	0	1.58750
0	0	0	0	0	1	0	1	1.58125
0	0	0	0	0	1	1	0	1.57500
0	0	0	0	0	1	1	1	1.56875
0	0	0	0	1	0	0	0	1.56250
0	0	0	0	1	0	0	1	1.55625
0	0	0	0	1	0	1	0	1.55000
0	0	0	0	1	0	1	1	1.54375
0	0	0	0	1	1	0	0	1.53750

VID7	VID6	VID5	VID4	VID3	VID2	VID1	VID0	Voltage
0	1	0	1	1	0	1	1	1.04375
0	1	0	1	1	1	0	0	1.03750
0	1	0	1	1	1	0	1	1.03125
0	1	0	1	1	1	1	0	1.02500
0	1	0	1	1	1	1	1	1.01875
0	1	1	0	0	0	0	0	1.01250
0	1	1	0	0	0	0	1	1.00625
0	1	1	0	0	0	1	0	1.00000
0	1	1	0	0	0	1	1	0.99375
0	1	1	0	0	1	0	0	0.98750
0	1	1	0	0	1	0	1	0.98125
0	1	1	0	0	1	1	0	0.97500
0	1	1	0	0	1	1	1	0.96875

图 6-8   VID11.1 电压调节表的部分截图

Intel 从 6 系列平台开始，导入 VRD12.0 规范，也就是串行 VID 模式。Intel 平台的 SVID 有三根线：SVD（串行 VID 数据）、SVC（串行 VID 时钟）、ALERT#（警示信号）。SVID 波形如图 6-9 所示。

AMD 从 AM2+CPU 开始，CPU 包含着两部分电压（AMD 称之为 Dual-Plane），一个是 CPU 的核心电压，一个是 CPU 内集成的北桥的电压。一组并行 VID 控制模块无法在同一时间内异步控制这两种电压，除非再提供一组并行 VID 控制 CPU 中的北桥电压，但这样会显得比较复杂。于是 AMD 率先推出新一代电压调节模块规范，采用串行 VID（SVID）模式来解决这一问题。串行 VID 是一种总线类型的协议。从硬件上来看，所需要的外部接口由以前的 VID0～VID5 共 6 个变成 SVC（串行时钟）、SVD（串行数据）两个，可以说是简单了很多。不过，由于串行 VID 是一种总线工作模式，所以需要软件的配合，但同时也意味着后期调整的可操作性会更强。前期大部分 AMD 主板为了兼容 AM2/AM2+/AM3，采用了 PVI/SVI 兼容的 PWM 控制器。

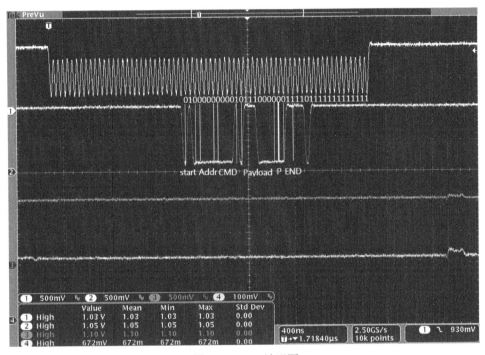

图 6-9　SVID 波形图

　　PVID 和 SVID 两种不同的 VID 模式可以说是为了 CPU 发展的需要而重新定义的，对于 PWM 控制器而言，只是改变了接口，原理部分并没有太大的改变。

　　集显供电的结构与核心供电差不多，H61 平台时是一相供电，到 H81 时取消了集显供电电路（整合到了 CPU 内部），H110 以上又恢复了集显供电电路，而且主流都是两相供电。需要注意的是，Intel 平台的集显供电也由 SVID 控制，并且需要在自检过内存后才会产生集显供电。

6.2　Intel 主板常用 CPU 供电芯片的工作原理

▷▷▷ 6.2.1　Intel H61 芯片组主板 CPU 核心供电和集显供电分析

ISL95836 多用于技嘉 H61 芯片组主板管理 CPU 供电和集显供电，引脚名称顶视图如图

6-10 所示。引脚名称中带 G 的都为集显供电，属于 H61/H77 平台特色，需要自检过内存后才会产生，这里不做分析。

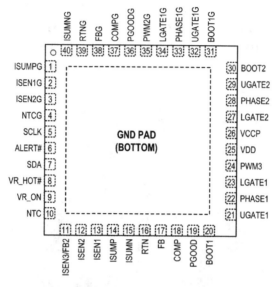

图 6-10　ISL95836 引脚名称顶视图

ISL95836 引脚解释见表 6-2。

表 6-2　ISL95836 引脚解释

脚　位	名　称	解　释
1	ISUMNG	集显供电的总电流检测负输入。屏蔽集显供电时，需上拉到 5V VDD
2	ISEN1G	集显供电的第一相电流检测
3	ISEN2G	集显供电的第一相电流检测。上拉到 5V，将会屏蔽集显供电的第一相
4	NTCG	集显供电的温度检测
5	SCLK	SVID
6	ALERT#	
7	SDA	
8	VR_HOT#	电源芯片过热指示输出
9	VR_ON	电源芯片的开启
10	NTC	核心供电的温度检测
11	ISEN3/FB2	当核心供电配置为三相时，此脚为第三相电流检测。当核心供电配置为二相时，此脚为 FB2 作用：有一个开关放在 FB 和 FB2 之间，核心供电为二相时，开关是断开的；一相时，开关是闭合的；这样做可以使核心工作在一相时实现最佳性能
12	ISEN2	核心供电的第二相电流检测。当 ISEN2 和 PWM3 都上拉到 5V 时，可以屏蔽第二、三相
13	ISEN1	核心供电的第一相电流检测
14	ISUMP	核心供电的总电流检测输入
15	ISUMN	
16	RTN	核心供电的电压检测回路

脚位	名称	解释
17	FB	核心供电的误差放大器的反相输入端
18	COMP	核心供电的误差放大器的输出端。并且可以通过一个电阻接地设定核心供电的最大输出电流，还可以设定核心供电和集显供电的 VBOOT 电压
19	PGOOD	核心供电好开漏输出，需要 680Ω 上拉到 VCCP 或 1.9kΩ 上拉到 3.3V
20	BOOT1	核心供电的第一相自举升压，连接自举升压电容
21	UGATE1	核心供电的第一相上管驱动输出
22	PHASE1	核心供电的第一相相位
23	LGATE1	核心供电的第一相下管驱动输出
24	PWM3	核心供电的第三相方波输出，把此脚上拉到 5V，将会关闭第三相
25	VDD	5V 供电
26	VCCP	内部驱动器的 5V 供电
27	LGATE2	核心供电的第二相下管驱动输出
28	PHASE2	核心供电的第二相相位
29	UGATE2	核心供电的第二相上管驱动输出
30	BOOT2	核心供电的第二相自举升压，连接自举升压电容
31	BOOT1G	集显供电的第一相自举升压
32	UGATE1G	集显供电的第一相上管驱动输出
33	PHASE1G	集显供电的第一相相位
34	LGATE1G	集显供电的第一相下管驱动输出
35	PWM2G	集显供电的第二相方波输出
36	PGOOOD2	集显供电的电源好开漏输出，需要 680Ω 上拉到 VCCP 或 1.9kΩ 上拉到 3.3V
37	COMPG	集显供电的误差放大器输出，并且可以通过一个电阻接地设定集显供电的最大输出电流，还可以设定核心供电和集显供电的极限温度
38	FBG	集显供电的误差放大器的反相输入
39	RTNG	集显供电的电压检测回路
40	ISUMPG	集显供电的总电流检测正输入

图 6-11 为 ISL95836 典型应用电路。

ISL95836 电源管理芯片工作流程：

① 芯片的 VDD 和 VCCP 脚得到供电 5V 供电。

② 外围电压正常后，产生的 CPU 核心供电开启信号送到 VR_ON 脚。

③ CPU 发来 SVID 波形。

④ 以上条件满足后，芯片开启工作，产生 CPU 核心供电。

⑤ 复位正常后 CPU 开始工作，启动自检程序。

⑥ 自检过内存后，CPU 再次发出 SVID 信号，控制供电芯片产生集显供电。

注意：也有些厂家设计为无须 SVID 波形即可产生 1.1V 的 CPU 预供电电压（VBOOT 电压），是通过调整芯片 18 脚所接电阻的阻值来实现的。具体设定方法请查询芯片数据手册。

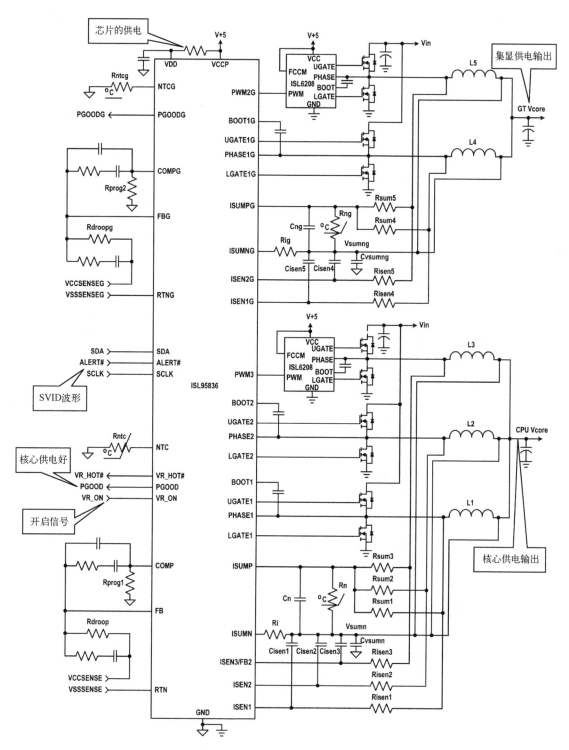

图 6-11　ISL95836 典型应用电路

▷▷▷ 6.2.2　Intel H81 主板 CPU 核心供电分析

ISL95812 用于 H81 芯片组。ISL95812 引脚名称顶视图如图 6-12 所示。

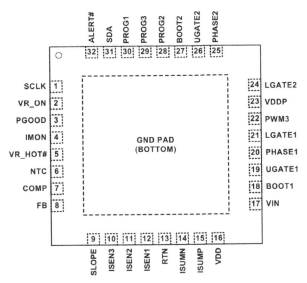

图 6-12　ISL95812 引脚名称顶视图

H81 平台没有集显供电，所以 ISL95812 的引脚比 ISL95836 的简单，且名称和定义基本相同，这里不重复解释，唯一不同的 9 脚 SLOPE，作用是通过一个电阻接地来设定斜率补偿。

图 6-13 为 ISL95812 典型应用电路。

ISL95812 的芯片工作流程：

① 芯片的 VDD 和 VDDP 脚得到 5V 供电。

② 外围电压正常后，产生的 CPU 核心供电开启信号送到 VR_ON 脚。

③ CPU 发来 SVID 波形。

④ 以上条件满足后，芯片开启工作，产生 CPU 核心供电。

注意：大多数厂家设计为无须 SVID 波形即可产生 1.7V 的 CPU 预供电电压（VBOOT 电压），通过调整 PROG2 脚（Pin28）所接电阻的阻值来实现，具体设定方法需查阅芯片的数据手册。

▷▷▷ 6.2.3　Intel H110/Z270/Z370 主板 CPU 核心供电和集显供电分析

Intel H110、Z270、Z370 的 CPU 供电原理没有太多改变，本节主要讲解 H110 主板很常用的 ISL95858 芯片。由于原厂资料保密缘故，未能拿到芯片的原始数据手册，只能从电路图中截取，如图 6-14 所示。ISL95858 的工作流程与 H61 上的芯片没有太大区别，不重复阐述。

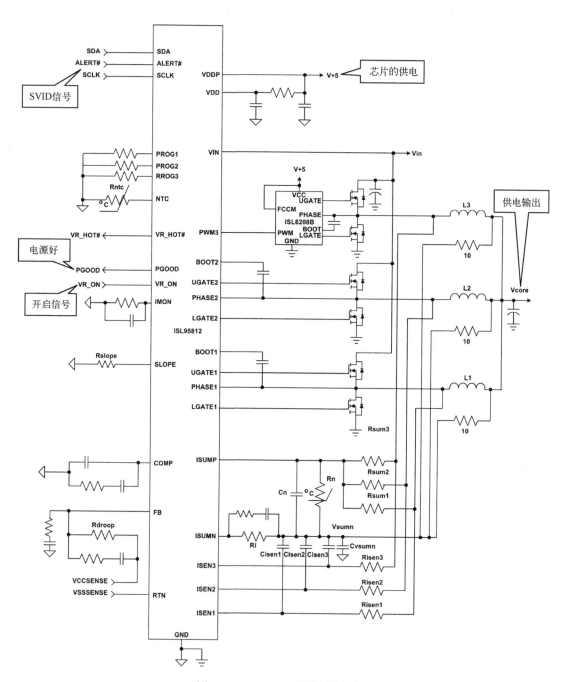

图 6-13 ISL95812 典型应用电路

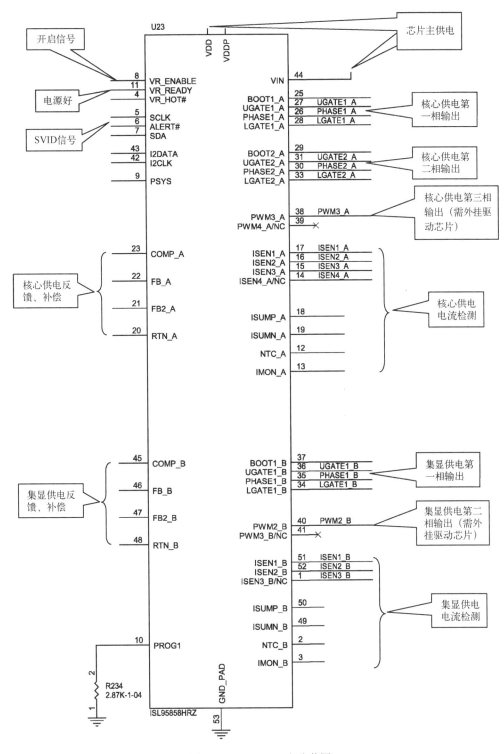

图 6-14　ISL95858 电路截图

6.3　AMD 主板 CPU 供电的工作原理

当触发开关通电后，主板上的各电路开始运作，产生内存供电和 VDDA 电压，内存供电和 VDDA 供电正常后，通过电路产生 VRM_EN 信号送给电源管理芯片。电源管理芯片检测得到 VCC、VID 以及 EN 信号正常后输出信号控制 MOS 管降压得到 VCORE 供电。

▷▷▷ 6.3.1　AMD A85 芯片组主板 CPU 供电分析

AMD 单桥主板上，CPU 内部集成 CPU 核心、显卡核心和内存控制器。CPU 正常工作必须要得到 CPU 核心供电、显卡供电和内存控制供电。为降低 CPU 核心供电功耗，所以都采用 CPU 和内存控制器分层供电，电源管理芯片控制 3～4 相 CPU 供电 VDD，同时控制 1 和 2 相内存控制器供电 VDD_NB。A85 芯片组常用 CPU 供电芯片 RT8877C 简化应用电路如图 6-15 所示。

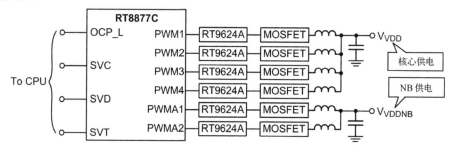

图 6-15　RT8877C 简化应用电路

RT8877C 引脚名称顶视图如图 6-16 所示。

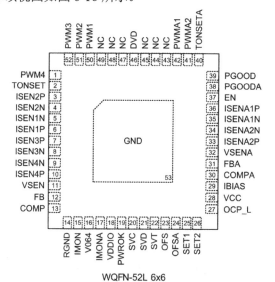

图 6-16　RT8877C 引脚名称顶视图

RT8877C 引脚解释见表 6-3。

表 6-3　RT8877C 引脚解释

脚　位	名　称	解　释
1、52、51、50	PWM4、PWM3、PWM2、PWM1	用于控制 CPU 核心供电的四路 PWM 输出
2	TONSET	核心供电的开启时间设置。将此引脚通过电阻连接到输入电压设置 UGATE 的导通时间和核心供电输出纹波
5、4、8、9	ISEN1N、ISEN2N、NISEN3N、ISEN4N	核心供电四路电流检测负输入
6、3、7、10	ISEN1P、ISEN2P、ISEN3P、ISEN4P	核心供电四路电流检测正输入
11	VSEN	核心供电电压检测
12	FB	核心供电电压反馈
13	COMP	核心供电的误差放大器输出
14	RGND	反馈回路。接地
15	IMON	核心供电电流监控
16	V064	芯片自身输出的固定电压 0.64V，只能用于 IMON/IMONA 电路
17	IMONA	NB 供电电流监控
18	VDDIO	连接到内存主供电
19	PWROK	电源好输入。PWROK 为低，芯片工作在 PVID 模式；PWROK 为高，芯片工作在 SVID 模式
20	SVC	串行时钟输入
21	SVD	串行数据输入
22	SVT	电源芯片输出给 CPU，远程监测 SVID 模块状态
23	OFS	核心供电超频偏移设定
24	OFSA	NB 供电超频偏移设定
25	SET1	核心供电和 NB 供电的极限电流设定，以及斜率设定
26	SET2	核心供电和 NB 供电的过流保护延时设定，快速响应阈值设定
27	OCP_L	输出电压过流指示
28	VCC	5V 供电
29	IBIAS	内部偏置电流设置。此引脚仅连接一个 100kΩ电阻到地，为内部电路产生偏置电流
30	COMPA	NB 供电的误差放大器输出
31	FBA	NB 供电的反馈
32	VSENA	NB 供电的电压检测
33、36	ISENA2P，ISENA1P	NB 供电的两路电流检测正输入
34、35	ISENA2N，ISENA1N	NB 供电的两路电流检测负输入
37	EN	开启信号
38	PGOODA	NB 供电好
39	PGOOD	核心供电好
40	TONSETA	NB 供电的开启时间设置。将此引脚通过电阻连接到输入电压，设置 UGATE 的导通时间和 NB 供电输出纹波
41、42	PWMA2，PWMA1	NB 供电的两路 PWM 输出
43、44、45、47、48、49	NC	空脚
46	DVD	电压输入检测脚，门槛电压为 2.2V
53(Exposed Pad)	GND	接地

图 6-17 为 RT8877C 典型应用电路。

RT8877C 电源管理芯片工作流程：

① 芯片得到供电，包括 VCC、VDDIO、DVD。

② 外部电路送来 EN 高电平信号给芯片 EN 脚。

③ 当送来高于 2V 的 EN 高电平，DVD 高于 2.2V 后芯片启动工作，按 SVC 和 SVD 高低组合输出预设 VCORE 供电及 PGOOD 信号。

④ 外部电路送来 PWROK 高电平，芯片读取 SVID 信号，调节输出电压与 SVID 设定信号一致。

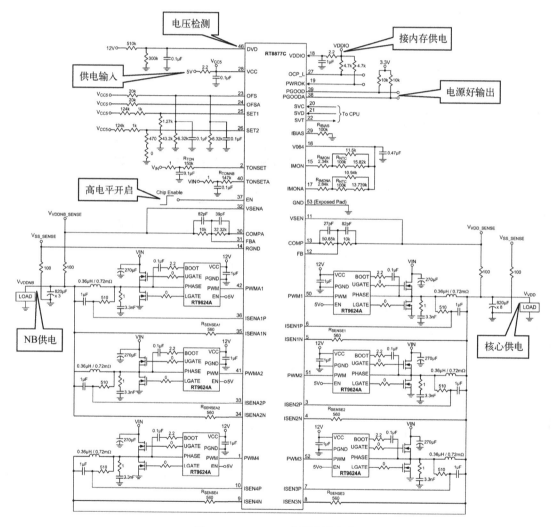

图 6-17　RT8877C 典型应用电路

▷▷▷ 6.3.2　AMD B350 芯片组主板 CPU 供电分析

RT8894A 常用于 AMD AM4 平台，是一个多相位 CPU 供电芯片，管理 CPU 核心供电和内存控制器 VCCP_NB 供电。RT8894A 官方展示板如图 6-18 所示。此芯片支持四相 VDD 核心供电和二相 VDDNB 供电。

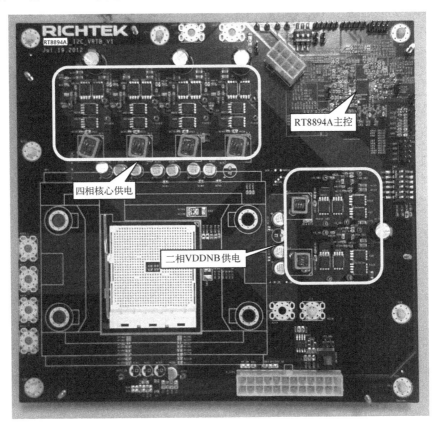

图 6-18　RT8894A 官方展示板

RT8894A 实物如图 6-19 所示。

图 6-19　RT8894A 实物图

RT8894A 重要引脚解释如图 6-20 所示，由于原厂资料保密缘故，未能拿到芯片的原始数据手册，只能根据以往芯片的设计，推测它的启动时序。

① 芯片得到供电，包括 VCC、PVCC 和 BOOT。

② 外部送来高电平的 ENABLE。

③ 芯片开始软启动 VCORE 到预定电压。

④ 电压稳定后芯片输出 VDDPWRGD。

⑤ 由外部送来 PWROK 高电平，芯片解码 SVID，按照标准将 VCORE 驱动到 VID 设定的电压。

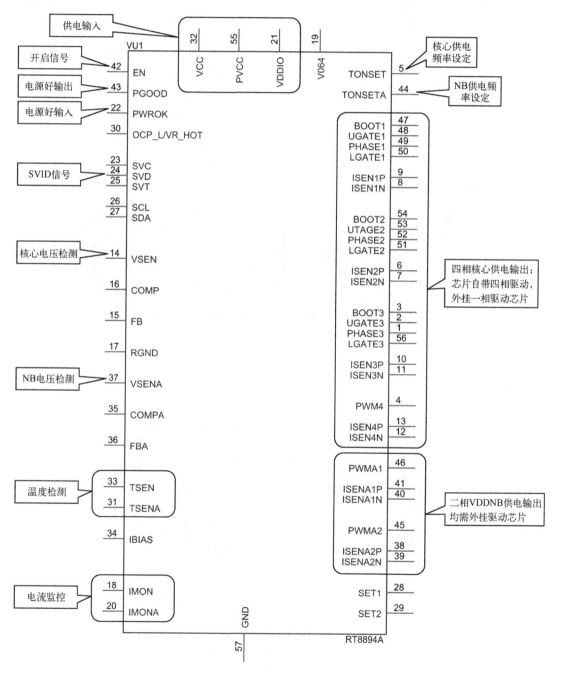

图 6-20　RT8894A 重要引脚解释

6.4　CPU 供电电路故障的维修方法

1. CPU 供电正确的测量方法

① 示波器测量每一相都应有方波，频率应一致。

② 万用表测每一相上管和下管的 G 极，电压相加要为 12V 左右。

③ 万用表直接测电感电压，但准确性低。

2. 无 VCORE 的维修思路

① 目测电源管理芯片周围是否掉件、错件。

② 根据电源芯片引脚解释检查 VCC、PVCC、BOOT 脚电压 12V、5V 是否正常。如果无电压，检查相对应脚元器件及线路、供电脚上限流电阻、BOOT 脚电容和二极管。

③ 检查电源芯片 EN 脚是否有 1V 以上高电平。如果无电压，跑线检查 EN 信号产生电路及产生条件是否正常。

④ H81 平台的主板，一般无须 SVID 即可产生 1.7V 左右的核心供电，而 H61 和 H110 以上的芯片组，很多厂家都设定芯片的 VBOOT 为 0V，要产生 CPU 核心供电，需要检查芯片 VID 脚是否有波形。如果 VID 信号无波形，再根据时序，反查 PROCPWRGD 等信号。

⑤ 当电源管理芯片的工作条件都满足后，没输出 CPU 供电，就更换电源管理芯片和驱动芯片。

⑥ 如果更换电源管理芯片和驱动芯片后，还没输出 CPU 供电，就找相同的主板对比 CPU 供电电路，或者替换电源管理芯片周围电容、电阻。

3. 屡烧场效应管的维修

① 更换损坏的上管。

② 再换损坏的上管和驱动芯片和主芯片。

③ 再次更换损坏的上管，测量上管的 G 极对地值：值偏大，检查上管 G 极到芯片之间是否断线；值偏小，更换场效应管和驱动芯片。

④ 检查主芯片的电流检测脚元器件及线路是否正常。

4. 用一会就烧管的或者 CPU 供电周围有异响的（无示波器）维修

① 测量每一相上管的控制极电压是否都相同。

② 测量每一相下管的控制极电压是否都相同。电压不同的一组就是有故障的一相，维修这一相的相应电路。

③ 有条件的可用示波器测量每一相的上管 G 极、下管 G 极，电感前端等处波形是否相同。

第7章
时钟、PG 和复位电路的工作原理

主板时钟电路为主板上的各个芯片、总线和设备提供时钟信号，从而保证主板各功能电路以一个统一的基准频率协调、稳定地工作。因为在数据传输过程中，对时序都有着严格的要求，只有这样才能保证数据在传输过程中不出差错。时钟信号首先设定了一个基准，用它来确定其他信号的幅度，另外时钟信号能够保证收/发数据双方的同步，用通俗一点的话来形容，时钟信号就相当于齐步走队列时喊的那个 1-2-3 的口令，用来协调全队人的步调一致。

主板上时钟信号的产生需要专门的时钟信号发生芯片（简称为时钟芯片），也称为频率发生器。但是主板电路由多个部分组成，每个部分完成不同的功能，而各个部分由于存在自己独立的传输协议、规范、标准，因此它们正常工作的时钟信号的频率也有所不同，如 CPU 的 FSB 有 200MHz、266MHz、333MHz 这些不同的频率，PCI 接口的时钟信号频率为 33MHz，USB 设备的时钟信号频率为 48MHz，而这么多组的频率输出，不可能单独设计，所以主板上都采用专用的时钟电路来控制。

早期主板上的时钟电路由 14.318MHz 晶振和时钟芯片（见图 7-1）组成。时钟芯片在工作电压达到要求后，开始工作，给晶振供电，当 14.318MHz 晶振起振后，为时钟芯片提供一个 14.318MHz 的基准时钟频率。而后，经过主板上供电电路转换得到开启信号给时钟芯片，使时钟芯片发出主板上各部分电路工作所需的各种时钟频率。

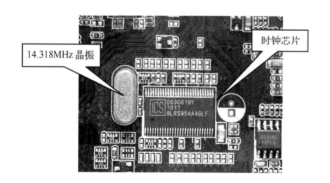

图 7-1　早期主板上的时钟电路

现在市场上的主板，都已经把时钟芯片集成了。比如，Intel 的集成在 PCH 内部，AMD B350 的集成在 CPU 和桥内部。

复位又称重置，复位信号是主板正常工作的重要条件之一。主板在每次上电时，复位电路都会对所有设备进行一次复位，使主板上各个设备进行初始化，清零存储器中的数据，为重新再写入数据做准备。

7.1　时钟电路的工作原理

▷▷▷ 7.1.1　Intel 芯片组主板时钟电路的工作原理

Intel H61 以上一直到 H110/Z270/Z370 等芯片组主板的时钟信号分布大同小异，如图 7-2 所示，主板 PCH（桥）内部集成时钟芯片功能，由 PCH 为主板各个设备提供时钟信号。

Intel H61 主板已经将时钟芯片集成在桥内部，所以各个时钟信号全由桥发送。桥为 CPU 提供 BCLK、DMI（100MHz）时钟信号，为 PCI-E X16 插槽、PCI-E X1 插槽、网卡芯片（GBLAN）分别提供 100MHz 的时钟信号，为 I/O 芯片提供 33MHz 的时钟信号。

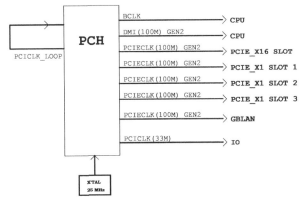

图 7-2　Intel H61、H67 等芯片组主板的时钟信号分布

注意：H61、H81 等芯片组，桥自身的基准时钟为 25MHz；H110 以上芯片组，桥自身的基准时钟为 24MHz。

▷▷▷ 7.1.2　AMD 芯片组主板时钟电路的工作原理

AMD 分两种，一种是 A85 芯片组，搭配 FM2 处理器的，时钟芯片集成在 FCH 内；另一种是 B350 芯片组，搭配 AM4 处理器，时钟芯片集成在 CPU 内。

AMD 单桥 A85 芯片组主板的时钟信号分布如图 7-3 所示，FCH（桥）内部集成时钟芯片功能，由 FCH 为主板各个设备提供时钟信号。

AMD 单桥主板与 Intel 单桥主板一样，将时钟芯片集成到桥内部，所以各个时钟信号均由桥发送。桥为 CPU 提供 100MHz 时钟信号，给 PCI-E X16 插槽、PCI-E X1 插槽、网卡芯片分别提供 100MHz 时钟信号，给 I/O 芯片提供 33MHz、48MHz 时钟信号，给 PCI 插槽、SPI BIOS 芯片提供 33MHz 时钟信号，给声卡芯片提供 24MHz 时钟信号。桥也需要 25MHz 晶振作为基准时钟。

AMD B350 芯片组主板，CPU 和 FCH 都集成部分时钟芯片的功能。其中，CPU 的引脚 LPCCLK1 是一个设置脚：当它被上拉后，设定为 CPU 集成时钟芯片，如图 7-4 所示。CPU 需要 48MHz 晶振作为基准频率，CPU 发出的时钟，只有简单的几条：给 TPM 接口的时钟 TPM_LPCCLK0、给 I/O 芯片的 LPC 时钟 SIO_LPCCLK1、给 PCI-E X16 插槽的 PE16_GFX_CLKP/PE16_GFX_CLKN、给 FCH 的 APU_CLKP/APU_CLKN、给 M.2 插槽的 CLK_M2_DP/CLK_M2_DN。

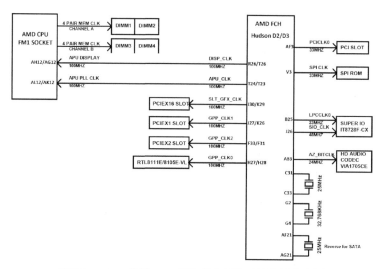

图 7-3　AMD 单桥 A85 芯片组主板的时钟信号分布图

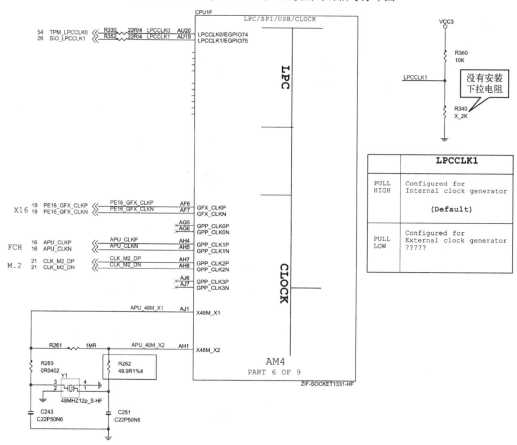

图 7-4　CPU 的时钟电路

FCH 的时钟电路如图 7-5 所示，FCH 需要得到 CPU 发来的 APU_CLKP/APU_CLKN，FCH 自身也有一个 25MHz 的晶振，FCH 收到对应的时钟请求信号后，发出各路 GPP 时钟给 PCI-E 设备。

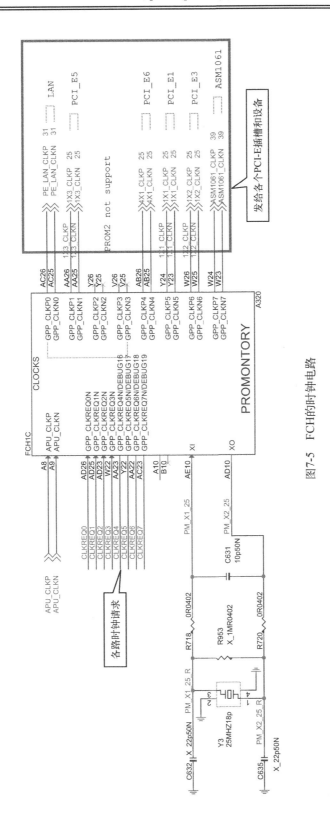

图7-5 FCH的时钟电路

7.2　PG 和复位电路的工作原理及维修

复位信号是由桥发出的。桥在供电、时钟信号、电源好信号正常后发出复位信号对每个设备进行复位。主板中常见复位信号有 PLTRST#、PCIRST#、A_RST#、CPURST#、LDTRST#等。

▷▷▷ 7.2.1　Intel H61/H77 芯片组主板 PG 和复位电路的工作原理

Intel 单桥 H61 芯片组主板 PG 和复位电路的工作原理如图 7-6 所示。

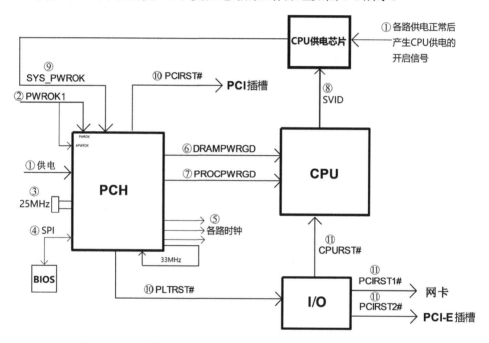

图 7-6　Intel 单桥 H61 芯片组主板 PG 和复位电路的工作原理框图

① 短接开关，主板各电路开始工作，经过供电电路降压产生内存供电、桥供电、总线供电等电压和 CPU 供电的开启信号（通常都不会产生 CPU 电压，大多数厂家的 VBOOT 设定为 0V）。

② ATX 输出电压稳定后延时输出电源好信号到 I/O 芯片。I/O 芯片检测到自身各路 VIN 脚电压处于正常范围后（见图 7-7），I/O 芯片内部转换出高电平的 PWROK1 信号输出给桥的 PWROK 和 APWROK 脚，表示大部分供电正常。

③ 桥的 25MHz 晶振起振。

④ 桥开始通过 SPI 总线读取 BIOS 程序中的 ME 固件，用于配置桥的 GPIO 脚。

⑤ 桥内部时钟电路开启工作，为主板各个设备提供时钟信号，并返回 33MHz 给桥自身。

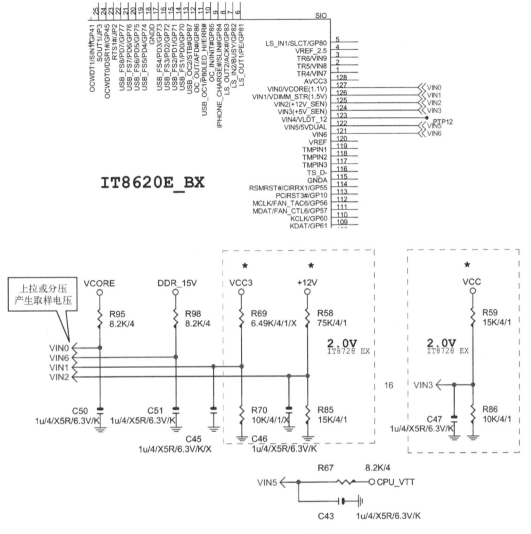

图 7-7　I/O 的电压检测电路示意图

⑥ 桥供电、时钟信号正常并收到两个 PG 信号之后，发出 DRAMPWRGD 信号给 CPU，表示内存供电正常。

⑦ 桥再输出 PROCPWRGD 信号到 CPU，表示全板除 CPU 核心和集显供电以外的电压都正常了。

⑧ CPU 发出 SVID 信号给电源管理芯片，电源管理芯片开始产生 CPU 供电。

⑨ CPU 供电稳定后电源管理芯片输出高电平的电源好信号，经过电路转换为 SYS_PWROK 给桥（见图 7-8），表示 CPU 供电正常。

⑩ 桥发出 PLTRST#平台复位信号复位 I/O 芯片，桥内部延时发出 PCIRST#复位信号给 PCI 插槽。

⑪ I/O 芯片收到桥发出的 PLTRST#复位信号后，经过内部逻辑电路转换发出 CPURST#复位 CPU，发出 PCIRST1#信号复位网卡芯片和 PCIRST2#信号复位 PCI-E 插槽。

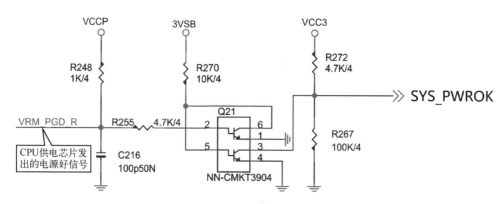

图 7-8   SYS_PWROK 信号产生电路

<blockquote>▷▷▷</blockquote> **7.2.2   Intel H87 芯片组主板 PG 和复位电路的工作原理**

Intel H87 芯片组主板 PG 和复位电路的工作原理如图 7-9 所示。

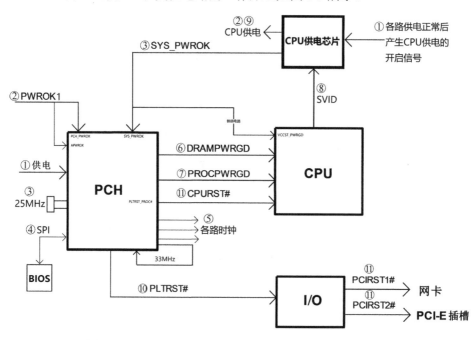

图 7-9   Intel H87 芯片组主板 PG 和复位电路的工作原理框图

① 短接开关，主板各电路开始工作，经过供电电路降压产生内存供电、桥供电、总线供电等电压和 CPU 供电的开启信号。

② ATX 输出电压稳定后延时输出电源好信号到 I/O 芯片。I/O 芯片检测到自身各路 VIN 脚电压处于正常范围后，I/O 芯片内部转换出高电平的 PWROK1 信号输出给桥的 PWROK 和 APWROK 脚，表示大部分供电正常，同时 CPU 供电会预启动（VBOOT）到 1.7V 左右。

③ CPU 供电芯片发出电源好信号，经过转换送给桥的 SYS_PWROK 以及 CPU 的 VCCST_PWRGD，同时桥的 25MHz 晶振会起振。

④ 桥开始通过 SPI 总线读取 BIOS 程序中的 ME 固件，用于配置桥的 GPIO 脚。

⑤ 桥内部时钟电路开启工作，为主板各个设备提供时钟信号，并返回 33MHz 给桥自身。

⑥ 桥供电、时钟信号正常并收到两个 PG 信号之后，发出 DRAMPWRGD 信号给 CPU，表示内存供电正常。

⑦ 桥再输出 PROCPWRGD 信号到 CPU，表示全板除 CPU 核心和集显供电以外的电压都正常了。

⑧ CPU 收到 PROCPWRGD 信号后发出 SVID 信号给电源管理芯片。

⑨ 电源管理芯片收到 SVID 后，调节 CPU 电压到 CPU 需要的电压值。

⑩ 桥延时发出平台复位 PLTRST#信号给 I/O 芯片。

⑪ 桥延时发出 CPU 复位信号，I/O 发出网卡和 PCI-E 插槽的复位信号。

▷▷▷ 7.2.3 Intel H110/Z270/Z370 芯片组主板 PG 和复位电路的工作原理

Intel H110/Z270/Z370 芯片组主板 PG 和复位电路的工作原理如图 7-10 所示。

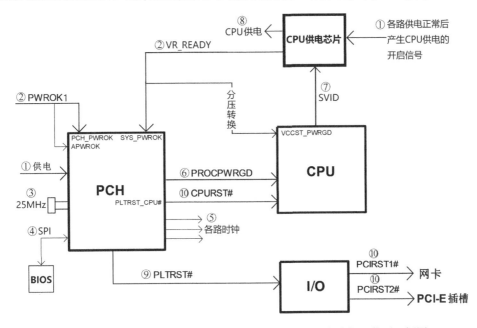

图 7-10   Intel H110/Z270/Z370 芯片组主板 PG 和复位电路的工作原理框图

① 短接开关，主板各电路开始工作，经过供电电路降压产生内存供电、桥供电、总线供电等电压和 CPU 供电的开启信号（通常都不会产生 CPU 电压，大多数厂家的 VBOOT 设定为 0V）。

② ATX 输出电压稳定后延时输出电源好信号到 I/O 芯片。I/O 芯片检测到自身各路 VIN 脚电压处于正常范围后，I/O 芯片内部转换出高电平的 PWROK1 信号输出给桥的 PWROK 和 APWROK 脚，表示大部分供电正常。

③ CPU 供电芯片发出已准备好的信号 VR_READY，经过转换送给桥的 SYS_PWROK

和 CPU 的 VCCST_PWRGD 脚，同时桥的 24MHz 晶振会起振。

④ 桥开始通过 SPI 总线读取 BIOS 程序中的 ME 固件，用于配置桥的 GPIO 脚。

⑤ 桥内部时钟电路开启工作，为主板各个设备提供时钟信号。

⑥ 桥供电、时钟信号正常并收到两个 PG 信号之后，发出 PROCPWRGD 信号给 CPU，表示全板除 CPU 核心和集显供电以外的电压都正常了。

⑦ CPU 收到 PROCPWRGD 后发出 SVID 信号给电源管理芯片。

⑧ CPU 电源管理芯片收到 SVID 后，调节 CPU 电压到 CPU 需要的电压值。

⑨ 桥延时发出平台复位 PLTRST#信号给 I/O 芯片。

⑩ 桥延时发出 CPU 复位信号，I/O 发出网卡和 PCI-E 插槽的复位信号。

▷▷▷ 7.2.4 AMD 单桥 A85 芯片组主板 PG 和复位电路的工作原理

AMD 单桥 A85 芯片组主板 PG 和复位电路的工作原理如图 7-11 所示。

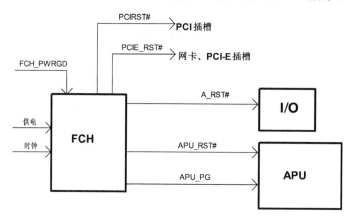

图 7-11 AMD 单桥 A85 芯片组主板 PG 和复位电路的工作原理框图

AMD 单桥主板的复位原理与双桥主板的复位原理没太大的区别，只是在信号名称上标识不一样。

① 主板开机后电路降压得到内存供电、CPU 供电、桥供电和总线供电。

② 时钟电路集成在桥内部，由桥给主板各个设备提供时钟信号。

③ 桥供电和前面板复位开关经过与门电路产生 FCH_PWRGD 信号送到桥，表示主板供电正常。

④ 桥收到电源好信号后，发出 APU_PG 信号到 CPU，表示主板供电正常。

⑤ 桥内部逻辑电路转换输出 A_RST#信号复位 I/O 芯片。

⑥ 桥再生成 PCIRST#信号复位 PCI 插槽，PCIE_RST#信号复位网卡芯片和 PCI-E 插槽。

⑦ 桥最后发出 APU_RST#信号复位 APU。

FCH_PWRGD 信号产生电路如图 7-12 所示。VCC1P1 桥供电经电阻 R346 送到 Q58 的 B 极，使 Q58 导通、Q59 截止。而 ATX 电源供电稳压后输出 ATX_PWROK 的 5V 高电平送到 D24 的负极使 D24 截止。FP_RST 复位开关的 3.3V 高电平送到 D23 的负极使 D23 截止。短接开关后南桥芯片发出 3.3V 的 SLP_S3#高电平送到 D22 的负极，使 D22 截止。

VCC1P1、ATX_PWROK、FP_RST#、SLP_S3#经过电路相与转换，由 R364 上拉得到 3.3V 的 FCH_PWRGD_R 信号送到桥，表示主板供电正常。

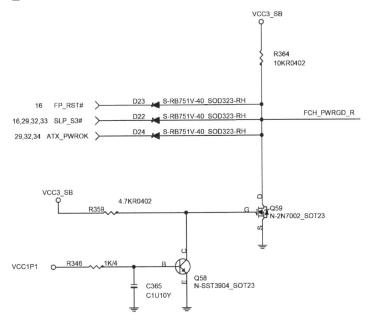

图 7-12　FCH_PWRGD 信号产生电路

▷▷▷ 7.2.5　AMD B350 芯片组主板 PG 和复位电路的工作原理

AMD B350 芯片组主板 PG 和复位电路的工作原理如图 7-13 所示。

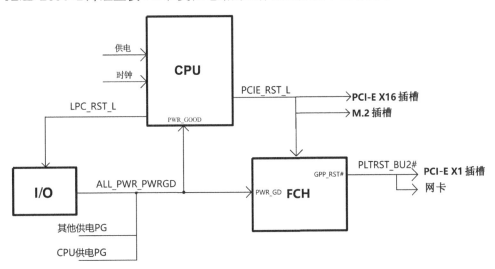

图 7-13　AMD B350 芯片组主板 PG 和复位电路的工作原理框图

① 主板开机后供电电路降压得到内存供电、CPU 供电、桥供电等各种供电。

② I/O 收到 ATX 发来的 PG，并检测各路 VIN 电压正常后，发出电源好信号，与各路

供电芯片的 PG 信号相与，产生 ALL_PWR_PWRGD 信号给 CPU 和 FCH。

③ CPU 发出 PCIE_RST_L 信号给 FCH、PCI-E X16 插槽、M.2 插槽等。

④ FCH 发出 GPP_RST#信号给各路 PCI-E X1 插槽和网卡等设备。

▷▷▷ 7.2.6 PG 和复位电路的维修方法

无复位故障是主板维修中很常见的故障现象。无复位的故障现象为 PCI-E 插槽 A11 脚复位信号测量点的电压为 0V，维修方法如下。

① 检查复位开关是否为高电平。电压为 0V 时，从复位开关针跑线更换相连元器件。

② 检查主板的所有供电是否正常。有故障的，按供电电路维修方法维修。AMD 芯片组要检查 CMOS 电池供电。

③ 检查桥的时钟晶振是否起振。

④ 检查桥的 PWROK 信号（Intel 芯片组叫 PWROK 或 PCH_PWROK，AMD 芯片组叫 PWR_GOOD）是否为高电平 3.3V。如果无电压，按各芯片 PWROK 信号产生原理检查产生条件及转换电路。

⑤ Intel 芯片组主板还需要检查南桥芯片的 SYS_PWROK 信号是否为高电平。

⑥ 检查 I/O 芯片是否收到桥发来的 PLTRST#信号。如果 I/O 芯片收到复位但不发出复位，则更换 I/O 芯片。

⑦ 桥供电、时钟信号、PWROK 信号都正常后，更换桥芯片。

第8章
接口电路的工作原理及故障维修

8.1 P/S2 接口电路分析及故障维修

1. P/S2 接口介绍

P/S2 接口是用户控制计算机的一个重要输入接口，常用于键盘和鼠标。主板上的 P/S2 接口如图 8-1 所示，P/S2 接口定义见表 8-1。

表 8-1 P/S2 接口定义

引　脚	功　能
1	数据
2	空
3	接地
4	供电 5V
5	时钟
6	空

图 8-1 P/S2 接口

2. P/S2 接口的工作原理

P/S2 接口的工作原理如图 8-2 所示。在市场上的 Intel、AMD、nVIDIA 芯片组主板上，P/S2 接口都是由 I/O 芯片输入/输出管理器控制的。接口 4 脚和 10 脚为键盘、鼠标提供 5V 供电，DAT、CLK（键盘的为 KDAT、KCLK，鼠标的为 MDAT、MCLK）分别是数据线和时钟线，连接到 I/O 芯片，中间又经过排阻上拉到 5V 供电，并且有滤波电容和电感。I/O 芯片供电、时钟信号正常后，在上电自检时对键盘、鼠标进行初始化，当用户按下键盘或鼠标后经过数据线、时钟线传送到 I/O 芯片进行处理，再由 I/O 芯片经过 LPC 总线送到桥芯片，通过桥内部处理后，实现相应的操作。

3. P/S2 接口故障的维修方法

P/S2 接口有故障会导致键盘、鼠标无法使用，或者不稳定，有时能用，有时不能用，在 DOS 中能正常使用，进 Windows 系统却无法使用，等等。维修方法如下。

① 检查 P/S2 接口是否扩孔、断针、掉件。

② 测量 P/S2 接口 VCC 供电 5V。

③ 测接口数据线和时钟线对地值，正常为 500～700。值偏低，拆滤波电容或者更换 I/O 芯片；值偏高，检查线跳是否断线或者更换 I/O 芯片。

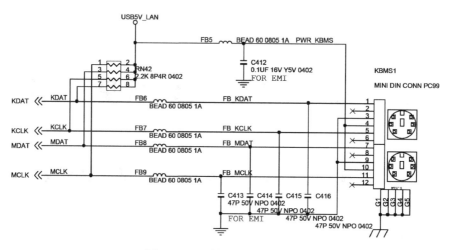

图 8-2　P/S2 接口的工作原理图

④　如果 P/S2 接口供电、数据线都正常，先更换上拉排阻，故障依旧的话，最后更换 I/O 芯片。

8.2　USB 接口电路分析及故障维修

1. USB 接口介绍

USB 接口是现在主板上主流的移动设备接口，常用于连接 U 盘、移动硬盘、手机、打印机、USB 键盘和 USB 鼠标等，是计算机使用中不可缺少的一个接口。USB 接口如图 8-3 所示，分为 USB 2.0 和 USB 3.0 两种。

图 8-3　USB 接口实物图

2. USB 接口的工作原理

USB 接口是桥芯片管理的 USB 总线的一个输入/输出接口（AMD B350 芯片组是桥和 CPU 都管理 USB）。USB 2.0 接口一般为 4 根针，分别是供电、数据正、数据负、地线。其中，供电是由主板的 5VSB 待机供电或者 VCC5 供电提供的，大部分主板由双路切换电路实现再供电，数据线和时钟线连接到桥芯片，由桥芯片控制，如图 8-4 所示。

桥芯片内部集成 USB 控制器，当桥芯片得到 USB 控制器供电，在主板上电自检时对 USB 控制器进行自检，桥芯片就可以与 USB 接口通过 DATA-和 DATA+数据线进行数据交换。

如图 8-5 所示，USB 3.0 以上接口，也包含 USB 2.0 的信号，其中 USB 3.0 的信号是 4 根，一对发送，一对接收，发送信号需要经过耦合电容到 USB 接口。发送和接收信号一般都配有防静电二极管。

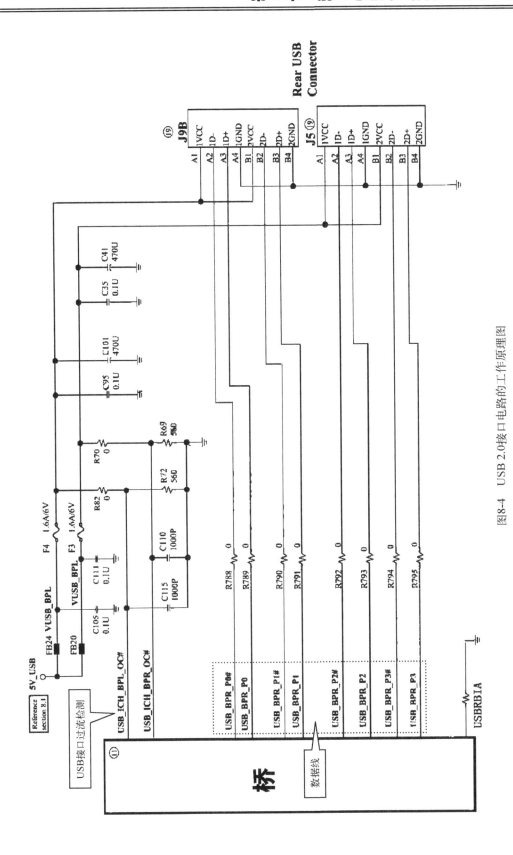

图8-4　USB 2.0接口电路的工作原理图

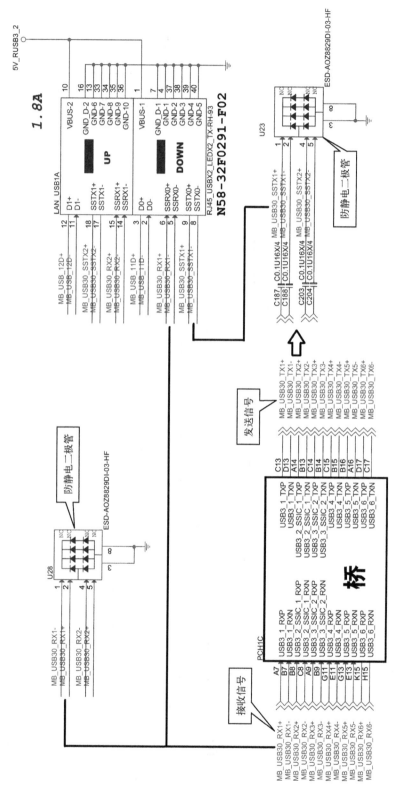

图8-5 USB 3.0接口电路的工作原理图

3．USB 接口故障的维修方法

① 检查接口的 5V 供电、接地。

② 测量 USB 接口数据线对地值是否正常。USB 2.0 接口的正常数值为 500 左右，值不正常，可能是断线或者桥坏。USB 3.0 接口的发送信号需要在电容靠近桥的一端测量。

③ 对照电路图检查桥芯片的 USB 模块供电是否正常。

④ 对照电路图检查桥芯片周围精密电阻是否掉件。

⑤ 如果以上条件正常后，还是无法识别到 USB 设备，就更换桥芯片。

8.3　VGA 接口电路分析及故障维修

1．VGA 接口介绍

VGA 接口是主板上使用量最大的显示接口。VGA 接口一共有 15 个孔，由三排组成 D 形，每一排有 5 根针，如图 8-6 所示。VGA 输出的是模拟信号，由红基色、绿基色、蓝基色、行同步、场同步 5 个重要信号组成。

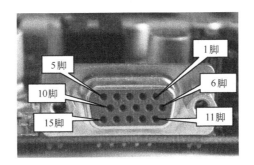

图 8-6　VGA 接口实物图

2．VGA 接口的工作原理

H61 和 H81 系列芯片组 VGA 接口的电路结构如图 8-7 所示，集成显卡都是在 CPU 中，由 CPU 通过 FDI 总线发给桥，再由桥输出 VGA 信号。CPU 传送的图像信号经过桥芯片内部数/模转换输出 RGB 三基色和行场同步信号。用于读取显示器型号的 DDC 总线 SDATA 和 SCLK 信号送到 VGA 接口的 12 脚和 15 脚，行场同步信号 HSYNC、VSYNC 送到 VGA 接口的 13 脚和 14 脚。RGB 三基色经过匹配电路和电容滤波后送到 VGA 接口的 1 脚、2 脚、3 脚，再由 VGA 接口输送到显示器进行显示。为了防止插拔 VGA 接口时静电伤害到桥，VGA 接口的每根信号线都会配置防静电二极管（图中未展示）。

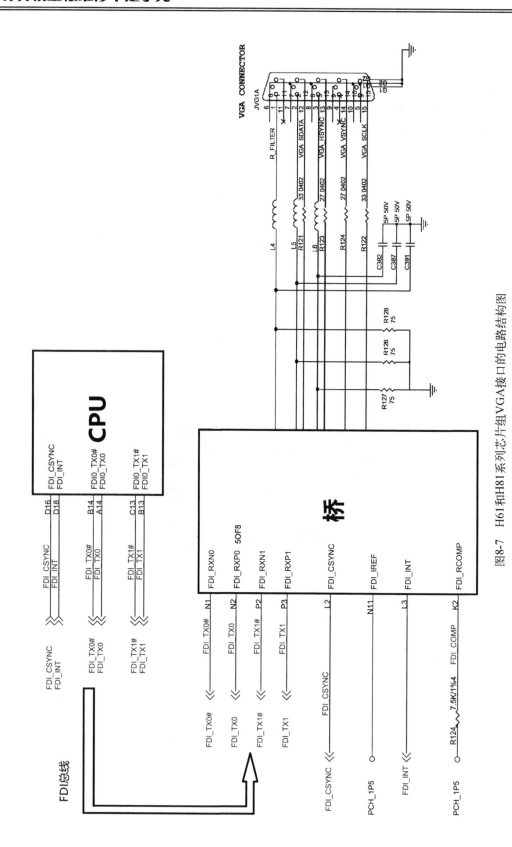

图8-7 H61和H81系列芯片组VGA接口的电路结构图

从 H110 芯片组开始，VGA 不再由桥来管理，而是由 DP 信号转换而来，电路结构如图 8-8 所示。VGA 接口插入后，DP 转换芯片发出 DP_HPD 信号通知 CPU 已插入显示器，CPU 发出图像信号，通过 DP 总线送给 DP 转换芯片。DP 转换芯片输出信号给 VGA 接口，通过显示器显示图像。

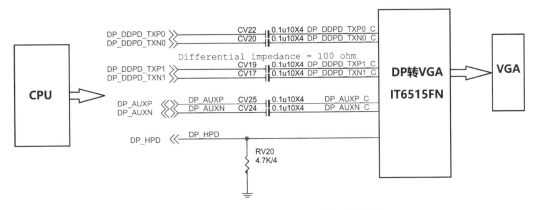

图 8-8　H110 芯片组 VGA 接口的电路结构图

3．VGA 接口故障的维修方法

① 显示器红灯亮。检查 VGA 接口的行同步、场同步信号是否正常。

② 显示器绿灯亮，灰屏。测量 VGA 接口的 1、2、3 脚 R、G、B 信号是否正常（方法是取下引脚上的 75Ω 电阻后，测量对地电阻值为 500Ω 左右为正常）。值偏大，可能是断线，也可能是桥或 DP 转换芯片空焊；值偏小，电容漏电、二极管坏、桥短路。

③ 显示器绿灯亮，缺色偏色。此故障一般是 R、G、B 信号中某个信号有故障导致，可先取下 R、G、B 信号脚上的电阻后，再测对地值进行判断。

8.4　DVI 接口电路分析及故障维修

1．DVI 接口介绍

DVI 接口（见图 8-9）是一种传输数字图像信号的接口，在部分主板上被使用。DVI 接口有 DVI-D 和 DVI-I 两种。DVI-D 是纯数字接口。DVI-I 接口有数字信号和模拟信号输出，一般使用 DVI 转换头可转换输出 VGA 信号。

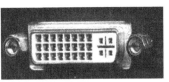

（a）DVI-D接口　　　　　　（b）DVI-I接口

图 8-9　DVI 接口实物图

2. DVI 接口的工作原理

DVI-I 接口电路如图 8-10 所示，DDPB_HP 是 DVI 接口热插拔识别脚。现在的主板，DVI 接口大部分是由 CPU 管理的。当 DVI 接口接上显示器后，显示器送出一个 5V 或者 3.3V 高电平信号到主板的显卡电路，经过转换后送到 CPU 内部 DVI 控制模块（见图 8-11），CPU 从 I^2C 总线 DDPB_SCL、DDPB_SDA 上读取显示器 DDC 数据，当读取到 DDC 数据后，在 CPU 内部对视频信号进行调整，直到视频信号的分辨率等参数与显示器要求参数一致后，再传输到 DVI 接口，通过 DVI 接口的 DVI_TX0～DVI_TX2 数据线送到显示器显示。

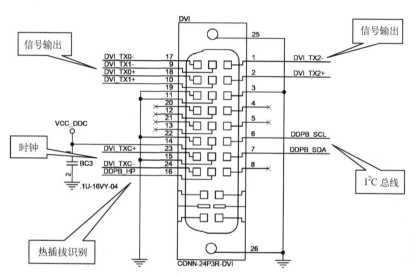

图 8-10 DVI-I 接口电路图

3. DVI 接口故障的维修方法

① 目测接口是否损坏。

② 测量热插拔信号 DDPB_HP 电压是否有 3.3V。

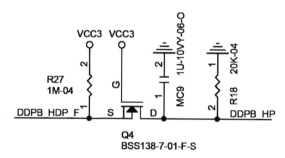

图 8-11 DVI 接口识别信号电路

③ 测量 I^2C 总线的 DDPB_SCL、DDPB_SDA 是否正常。

④ 测数据线 DVI_TX+、DVITX-对地是否短路、开路。

8.5 HDMI 接口电路分析及故障维修

1. HDMI 接口介绍

高清多媒体接口（High Definition Multimedia Interface，HDMI）是一种数字化视频、音频接口技术，是适合影像传输的专用型数字化接口，可同时传送音频和影音信号，最高数据传输速率为 5Gbps。同时无须在信号传送前进行数/模或者模/数转换。HDMI 支持 EDID、DDC2B，因此 HDMI 设备具有"即插即用"的特点，信号源和显示设备之间会自动进行"协商"，自动选择最合适的视频、音频格式。

2. HDMI 接口的工作原理

HDMI 接口电路如图 8-12 所示。V_HDMI_TX_DP 和 V_HDMI_TX_DN 是显示图像信号传输线，V_HDMI_CLK_DP 和 V_HDMI_CLK_DN 是接口的时钟信号线，V_HDMI_SCL 和 V_HDMI_SDA 是接口的 I^2C 总线，V_HDMI_HPD_SINK 是接口的热插拔识别信号。

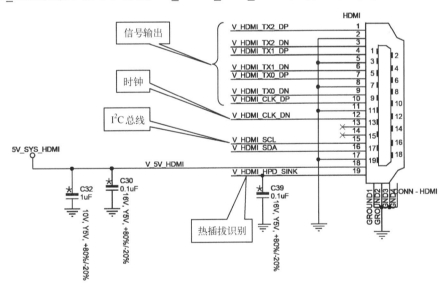

图 8-12 HDMI 接口电路图

当主板通过 HDMI 接口与显示器连接时，显示器通过 HDMI 接口的 19 脚发出 V_HDMI_HPD_SINK 信号给主板的 HDMI 接口，再通过如图 8-13 所示电路转换为 V_HDMI_HPD 信号给 CPU。CPU 通过 HDMI 接口的 I^2C 总线读取显示器的相关参数，当读取到显示器参数后，CPU 内部通过 HDMI 显示接口输出视频信号给显示器。

3. HDMI 接口无显示故障的维修方法

① 目测接口是否损坏。

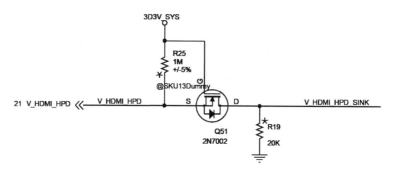

图 8-13 HDMI 接口识别信号电路

② 测量热插拔信号 V_HDMI_HPD_SINK 电压是否有 5V。

③ 测量 I²C 总线的 V_HDMI_SVL、V_HDMI_SDA 是否正常。

④ 测数据线 HDMI_TX_DP、HDMI_TX_DN 对地是否短路或者开路。

⑤ 如果以上正常而无显示，更换 HDMI 接口。

8.6 SATA 硬盘接口电路分析及故障维修

1. SATA 接口介绍

SATA 是 Serial ATA 的缩写，即串行 ATA。这是一种完全不同于并行 ATA 的新型硬盘接口类型，因采用串行方式传输数据而得名。SATA 总线使用嵌入式时钟信号，具备了更强的纠错能力，与以往相比其最大的区别在于能对传输指令（不仅仅是数据）进行检查，如果发现错误会自动矫正，这在很大程度上提高了数据传输的可靠性。SATA 接口还具有结构简单、支持热插拔的优点。SATA 接口如图 8-14 所示，引脚定义见表 8-2。

图 8-14 SATA 接口实物图

表 8-2 SATA 引脚定义

脚位	信 号	作 用
1	GND	接地
2	SATA_TXP	数据发送正
3	SATA_TXN	数据发送负
4	GND	接地
5	SATA_RXN	数据接收负
6	SATA_RXP	数据接收正
7	GND	接地

2. SATA 接口的工作原理

SATA 接口的工作连线如图 8-15 所示，SATA_RXN、SATA_RXP 是硬盘数据接收的信号线，SATA_TXN、SATA_TXP 是硬盘数据输出的信号线。桥芯片内部 SATA 控制模块通过数据接收和输出线与硬盘进行数据交换。

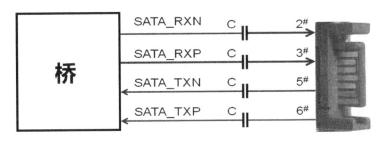

图 8-15　SATA 接口的工作连线图

3．SATA 接口故障的维修方法

① 先清除 CMOS 设置，再目测接口是否损坏，桥芯片边上是否掉件。

② 测量 SATA 接口数据线电容靠近桥一端的对地值判断数据线是否正常（正常值为 200～300，红黑表笔接地各测一次）。如果值偏小，为桥坏；值偏大，有线断或者桥空焊。

③ 使用万用表测耦合电容是否正常，正常电容值为 10nF 左右。

④ 对于 AMD 芯片组，检查桥芯片旁 25MHz 晶振是否正常。

⑤ 检查桥芯片旁边的精密电阻阻值是否正常。

⑥ 如果以上条件都正常，SATA 接口还无法使用，刷 BIOS 也不行的话，考虑更换桥。

8.7　网卡芯片和接口电路分析及故障维修

1．网卡芯片介绍

主板上整个网络部分由网卡芯片、25MHz 晶振、网络接口组成。瑞昱公司生产的网卡芯片市场占有率非常高。瑞昱公司生产的 RTL8111E 网卡芯片如图 8-16 所示。网卡芯片主要负责数据的发送和接收。

2．网卡芯片的工作原理

网卡芯片的工作连线如图 8-17 所示，网卡芯片经过 PCI-E 总线连接桥，通过 TRXP 和 TRXN 信号线连接到网卡接口。网卡芯片供电、时钟信号、复位信号

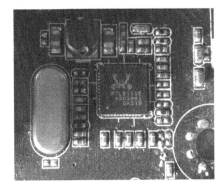

图 8-16　RTL8111E 网卡芯片

正常后，桥通过 PCI-E 总线识别网卡芯片，并读取 EEPROM 芯片中的信息对网卡芯片进行配置。当需要网络时，桥通过 PCI-E 总线将数据传输到网卡芯片进行处理，处理完通过网络接口与网络服务器进行数据交换。

RTL8111E 网卡芯片应用电路如图 8-18 所示。

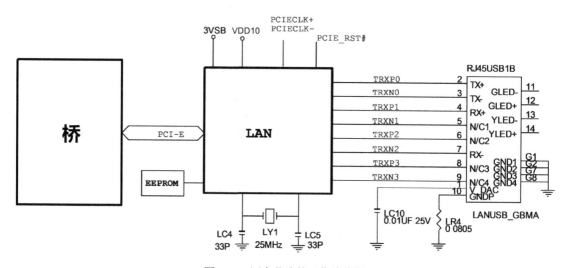

图 8-17　网卡芯片的工作连线图

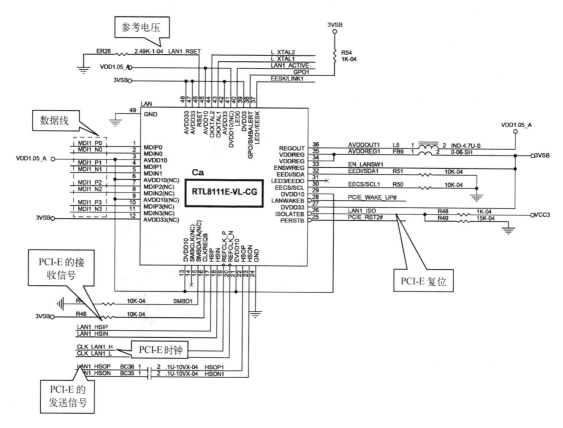

图 8-18　RTL8111E 网卡芯片应用电路

- 10MHz、100MHz、1000MHz 自适应。
- 兼容 PCI-E 1.0A 标准。
- 支持平衡检测。

● 支持交差检测并自动校正。
● 支持网络唤醒功能。
● 支持全双工操作模式。
● 支持 IEEE 802.1Q VLAN。
● 支持 EEPROM 接口。
● 支持低耗电模式。
● 提供 4 个网络状态指示灯。

3．网卡芯片故障的维修方法

（1）无法识别硬件的维修方法
① 外观检查网卡芯片周围是否有掉件。
② 测量网卡芯片的供电是否正常（具体脚位需要查芯片资料）。
③ 测量网卡芯片的时钟信号是否正常（网卡芯片有两个时钟信号，分别是本身的 25MHz 晶振和总线时钟信号 100MHz）。
④ 测量网卡芯片的复位信号是否正常（具体脚位需要查芯片资料）。
⑤ 检查网卡芯片的总线是否正常（网卡芯片与桥连接的线路）。
⑥ 如果以上条件均正常，先换网卡芯片。换网卡芯片后仍然无法解决故障，再换桥。
（2）显示未插网线的维修方法
① 外观检查是否掉件。
② 检查接口弹片是否损坏，接口旁电阻是否烧坏。
③ 换网络接口或者网卡芯片。
（3）无法获得 IP 地址的维修方法
① 外观检查网络接口周围是否掉件。
② 检查 MAC 地址是否正常（FF-FF-FF-FF-FF-FF 和 11-22-33-44-55-66 为无效地址）。
③ 如果以上条件均正常，更换网卡芯片。

8.8 声卡芯片和接口电路分析及故障维修

1．声卡芯片介绍

声卡芯片用于还原声音和处理麦克风信号输入。在主板上，声卡芯片附近有很多电容，用于音频信号耦合。瑞昱公司生产的 ALC662 和 ALC887 声卡芯片如图 8-19 所示。

2．声卡芯片电路的工作原理

声卡芯片电路如图 8-20 所示，声卡芯片通过 5、6、8、10、11 脚的音频总线与桥相连。声卡芯片工作先要得到 1 脚 3.3V 和 25 脚 5V 供电，桥通过总线发送时钟信号 BIT_CLK 和复位信号 AUDIO_RST#给声卡芯片，桥经过 AUDIO_SDAIN 和 AUDIO_SDOUT 数据线识别声卡芯片。当需要还原声音时，桥通过 AUDIO_SDAIN 传输音频信号到声卡芯片，由声卡芯片处理后从 14 脚和 15 脚输出音频信号通过电容耦合送到前置面板音频接口，从 35 脚 36 脚输出音频信号，通过电容耦合送到后置音频接口。

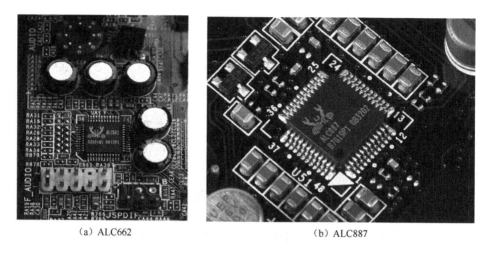

（a）ALC662　　　　（b）ALC887

图 8-19　声卡芯片实物图

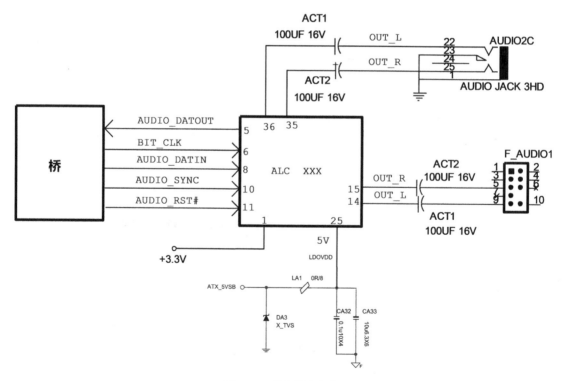

图 8-20　声卡芯片电路

瑞昱 ALC662VD 声卡芯片的应用电路如图 8-21 所示，其中标明了重要脚位。

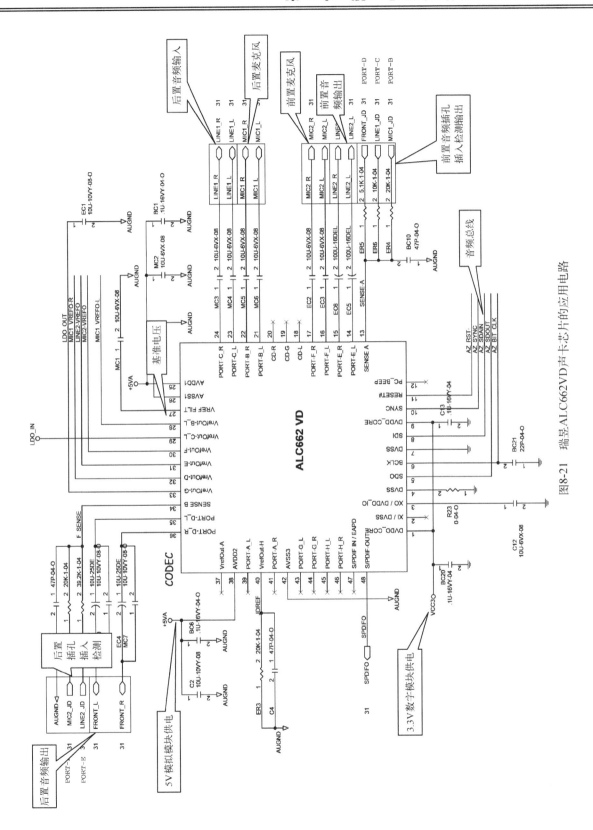

图8-21　瑞昱ALC662VD声卡芯片的应用电路

3. 声卡芯片故障的维修方法

（1）无法识别声卡芯片（认不到声卡芯片）

① 检查声卡芯片的 1 脚 3.3V、25 脚 5V 电压是否正常。

② 拆掉声卡芯片检查 5、6、8、10、11 脚焊盘的对地值要相近，如果短路为桥坏，无穷大则为到桥断线。

③ 以上条件均正常，先更换声卡芯片，最后更换桥。

（2）声音异常

① 检查周围电容是否有 2.5V 电压。

② 如果 2.5V 电压正常，就更换声卡芯片。

（3）无声音或单声道

① 检查声卡芯片 35、36 脚电压是否有 2.5V。无 2.5V 先换声卡芯片，再替换 27 脚相连的 REF 电容。

② 如果声卡芯片的 35、36 脚电压有 2.5V，但没声音或者单声道，从声卡芯片相应脚跑线到音频接口，检查之间线路是否有问题。

③ 以上条件均正常，最后更换音频接口。

（4）输入不正常或 MIC 不正常

检查相应脚位 2.5V 是否正常，检查 SENSEA 或者 SENSEB 电路。可参照无声音或单声道故障的维修。

8.9　M.2 接口电路分析及故障维修

1. M.2 接口介绍

现在很多主板都有了 M.2 接口，如图 8-22 所示。M.2 接口是一种新的主机接口方案，可以兼容多种通信协议，如 SATA、PCI-E、USB、HSIC、UART、SMBus 等。

M.2 接口原是为超级本（Ultrabook）量身定做的新一代接口标准，以取代原来的 mSATA 接口。无论是更小巧的规格尺寸，还是更高的传输性能，M.2 接口都远胜于 mSATA 接口。

M.2 接口，是 Intel 推出的一种替代 mSATA 新的接口规范。其实，对于桌面台式机用户来讲，SATA 接口已经足以满足大部分用户的需求了，不过考虑到超级本用户的存储需求，Intel 才急切地推出了这种新的接口标准。所以，我们在华硕、技嘉、微星等发布的主板上都能看到这种新的 M.2 接口。

与 mSATA 相比，M.2 主要有两个方面的优势。

第一是速度方面的优势。M.2 接口有两种类型：Socket 2（B key——ngff）和 Socket 3（M key——nvme），其中 Socket2 支持 SATA、PCI-E X2 接口，如果采用 PCI-E X2 接口标准，最大的读取速率可以达到 700MB/s，写入也能达到 550MB/s。Socket 3 可支持 PCI-E X4 接口，理论带宽可达 4GB/s。

第二是体积方面的优势。虽然 mSATA 的固态硬盘（SSD）体积已经足够小了，但相比 M.2 接口的固态硬盘，mSATA 仍然没有任何优势可言。M.2 标准的 SSD 同 mSATA 一样可以进行单面 NAND 闪存颗粒的布置，也可以进行双面布置，其中单面布置的总厚度仅有 2.75mm，双面布置的厚度也仅为 3.85mm。而 mSATA 在体积上的劣势就明显得多，51mm×30mm 的尺寸让 mSATA 在面积上不占优势，而 4.85mm 的单面布置厚度跟 M.2 接口比起来也显得厚了太多。另外，即使在大小相同的情况下，M.2 接口也可以提供更高的存储容量。

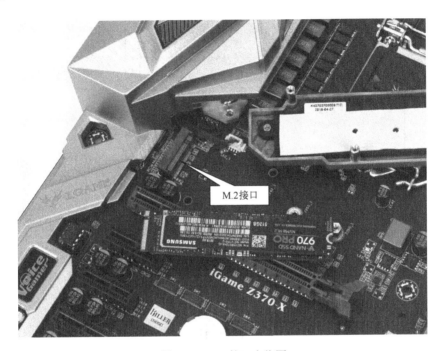

图 8-22　M.2 接口实物图

M.2 接口电路如图 8-23 所示。当插入固态硬盘后，产生低电平的时钟请求信号 M2_CLKREQ#9 给桥，桥发出 M.2 插槽的总线时钟 CLK_M2_1_DP/CLK_M2_1_DN，桥发出复位信号 PLTRST_BU3#_M2_1 给 M.2 插槽。同时，M.2 槽送出检测信号 M2_1_DET 给桥，设置 PCI-E 模式。固态硬盘工作时，通过 M2_DAS 控制硬盘运行指示灯闪烁。

2. M.2 接口不认设备的维修方法

① 检查 M.2 插槽的供电、复位信号是否正常。
② 插上固态硬盘，检查 M.2 插槽的总线时钟是否 100MHz。
③ 检查数据总线是否断路，耦合电容是否损坏。

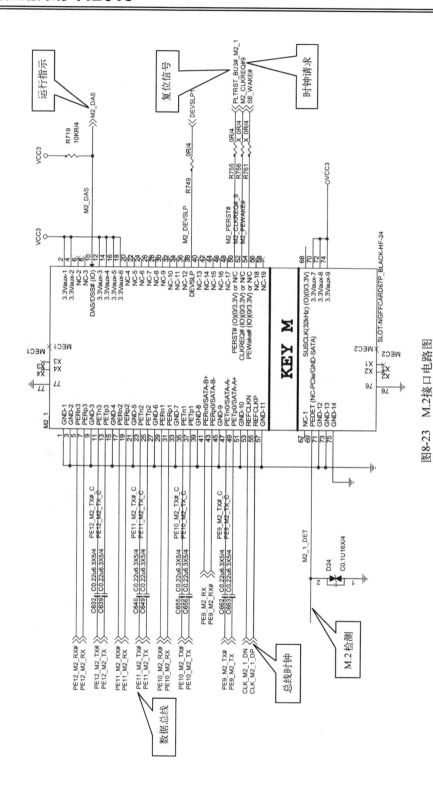

图8-23　M.2接口电路图

第9章
主板常见故障的维修方法

9.1 主板故障的分类

主板表现出来的故障现象复杂烦多，故障点也较分散。不同主板出现的故障也有很大区别。为快速进行故障维修，在维修之前应先把主板故障进行分类总结，维修不同故障使用不同维修方法，有针对性、快速地维修，提高维修速度和维修成功率。主板故障大体分为以下7类。

（1）自动上电

自动上电也称自动开机，故障表现为，只要接上 220V 交流电主板就自动工作，不需要按开关。

（2）上电保护

上电保护也叫掉电，故障表现为，按开关后电源风扇转一下就停，电源不再输出供电。上电保护又分主板保护和电源保护。

（3）不触发

不触发也称不上电或不开机，故障表现为，主板插上 ATX 电源后，当触发电源开关时，主板不拉低 ATX 电源绿线，ATX 电源无+12V、+5V、+3.3V 等供电输出。这类故障的维修方法在 3.4 节有详细介绍，本章不再重复。

（4）无复位

无复位故障表现为，短接开关主板能正常通电，但主板的复位信号测量点电压为0V。

（5）不跑码

不跑码故障表现为，主板供电、时钟信号、电源好信号、复位信号等都正常，而装上 CPU 开机，诊断卡数码管没有代码跳变，显示 00、FF、--。

（6）挡代码

挡代码表现为，主板装上所有设备后开机，诊断卡数码管有代码在跳变，但跳变到某个代码时停住，显示屏无显示。

（7）功能性故障

功能性故障包括接口电路、风扇电路、温控电路有问题，以及死机、蓝屏、不稳压等。总之，在主板点亮显示正常之后的一切故障，都可以称为功能性故障。

9.2 主板故障的维修方法

▷▷▷ 9.2.1 自动上电主板的维修方法

自动上电故障表现为主板插上电源便自动通电了。自动上电主板的维修方法如下。

① 持续短接开机针 4s，若能关机，可以忽略此故障。一般是因为被清除了 CMOS 才导致的自动上电，只要更换电池，重新设置 CMOS 参数即可修复。

② 持续短接开机针 4s 以上无法关机，尝试替换 ATX 的绿线 PSON#相连的零件，一般都是连接到 I/O 芯片。此处注意，有些主板不装 CPU 也会无法关机。

▷▷▷ 9.2.2　上电保护主板的维修方法

上电保护故障表现为主板触发通电后断电，俗称掉电。有些主板通电后跑码又断电，再自动通电继续跑码是正常的。上电保护分为电源保护和主板保护两种情况。

1. 电源保护

电源保护故障表现为主板触发断电后，ATX 电源绿线为低电平 0V，再按开关无反应，必须重新断开 220V 市电再插上按开关才有反应。维修方法如下。

① 要先拔掉 CPU 供电 12V 小电源再上电。如果拔掉 12V 小电源不再保护，表示 CPU 供电电路短路。

② 依次拆除 CPU 供电上管、电源管理芯片、驱动芯片、滤波大电容。有个小技巧可快速判断是哪个上管损坏：用万用表的二极管挡，在主板上直接测量上管的 G 极和 D 极，哪一个场效应管相通了，就是它坏了。

③ 更换后，一定要注意用示波器测量波形是否稳定，多相供电的波形是否一致。如果不一致，很可能还会再烧管。

2. 主板保护

主板保护故障表现为主板触发断电后，绿线为高电平 5V。维修方法如下。

① 检查 CMOS 跳线帽是否装反。测量 RTCRST#电压是否有 3.3V。如果无电压，检查电池到跳线之间的线路。

② 断电瞬间或强行通电——测量内存、桥、总线、CPU 供电电压是否正常，测量到电压不正常，按无供电故障的维修方法进行即可。

③ 有一个需要特别注意的知识，那就是 I/O 检测到电压异常会主动保护，导致上电保护。如图 9-1 所示，当 ATX 延时发来 ATX_PWR_OK 给 I/O 芯片，I/O 芯片会检测各路 VIN 电压是否正常，如果正常，则发出 CHIP_PWGD，如果不正常，则发出低电平的 PWR_FAULT#，使 Q29 截止，I/O 不能再拉低 PS_ON#，整机断电（有些 I/O 是通过内部电路强行断开 PSON#实现断电）。这是导致上电掉电保护的主要原因。

④ 如果是开机 4s 断电，检查开机针电压是否有 3.3V。如果电压低或无电压，从开关针跑线更换相连元器件。

⑤ CPU 和桥芯片的 THERMTRIP#信号（过温保护信号，需要查图纸）为低电平，也会导致掉电。

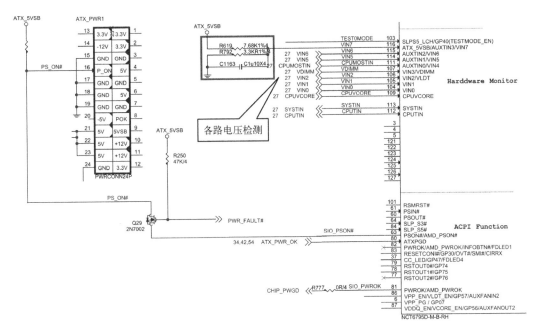

图 9-1　I/O 的 PG 电路

▷▷▷ 9.2.3　无复位主板的维修方法

无复位故障是主板维修中很常见的故障现象。无复位的故障现象为 PCI-E 插槽 A11 脚复位信号测量点电压为 0V，维修方法如下。

① 检查复位开关是否为高电平。电压为 0V 时从复位开关针跑线更换相连元器件。

② 检查主板的所有供电是否正常。有故障的，按供电电路维修方法维修。AMD 芯片组要检查 CMOS 电池供电。

③ 检查桥的时钟晶振是否起振。

④ 检查桥的 PWROK（Intel 芯片组叫 PWROK 或 PCH_PWROK，AMD 芯片组叫 PWR_GOOD）是否为高电平 3.3V。如果无电压，按各芯片 PWROK 信号产生原理检查产生条件及转换电路。

⑤ Intel 芯片组主板还需要检查南桥芯片的 SYS_PWROK 是否为高电平。

⑥ 检查 I/O 芯片是否收到桥发来的 PLTRST#。如果 I/O 芯片收到桥发来的平台复位 PLTRST#，但是 I/O 不发出 PCI-E 插槽的复位，则更换 I/O 芯片。

⑦ 桥供电、时钟信号、PWROK 信号都正常后仍无复位，更换桥芯片。

▷▷▷ 9.2.4　不跑码主板的维修方法

主板不跑码故障表示为 CPU 的供电、时钟信号、电源好信号、复位信号都正常，而装上 CPU 开机诊断卡，数码管没有代码跳变，显示 00、FF、--。维修方法如下。

1. 外观检查

外观检查主要是排除主板有无短路掉件烧坏等，然后 CMOS 放电，再依次仔细检查。

2. 检查供电电压

检测主板的供电电压是否正常。如果电压不正常，按无供电维修方法维修。

① 检查 CPU 供电、内存供电、桥供电、总线供电等主要供电是否正常。

② 检查 CPU 和桥周围电感是否有电压，精密电阻是否腐蚀掉件等。

3. 检查主板时钟信号

如果无时钟信号，检查是否断线，桥是否有问题。

① 测量诊断卡接口的时钟信号是否正常。

② 测量 CPU 假负载上的时钟信号测量点二极体值是否正常。

4. 测量 CPU 的复位信号和 PG 信号是否正常

测量 CPU 假负载上的复位信号和 PG 信号测量点的二极体值是否正常。装上 CPU 后，测量主板 PG 和复位测量点是否有电压，无 PG 和复位的参照 PG 和复位电路维修方法。

5. 检查主板各大总线

检查主板各大总线是否正常，包括 CPU 到桥的 DMI 总线、SPI 总线。

① CPU 到桥的 DMI 总线可以用假负载打值（见图 9-2）来检测。主板断电后装上 CPU 假负载，使用万用表二极管挡，测量数据线和地址线的对地值，然后判断总线是否正常。

图 9-2　DMI 总线检测

② 桥到 BIOS 的采用 SPI 总线。SPI 总线 BIOS 维修如下。

a. 测量 BIOS 芯片 8 脚电压是否为 3.3V。

b. 取下 BIOS 芯片，测量焊盘 1、2、5、6 脚二极体值是否正常，正常值为 500 左右。若脚有上拉电阻，需先取下电阻再打值。

c. 以上条件均正常，最后使用编程器重新刷写 BIOS 资料。

6. 拆

拆除外围设备，如网卡、声卡芯片、串口芯片等。

7. 换

先更换 IO 芯片，再加焊 CPU 插座、桥，最后更换更换 CPU 插座、桥。

▷▷▷ 9.2.5 挡内存代码故障主板的维修方法

挡内存代码故障表现为诊断卡跑码后到内存代码时停住，显示屏无显示。常见内存不过代码有 51、53、55、E0 等。挡内存代码故障主板的检修方法如下。

① 外观检查内存插槽以及周围的电路是否倒针（见图 9-3）、烧伤。

图 9-3 内存插槽倒针

② 清洁内存插槽，更换两条以上不同品牌的好内存，并用橡皮清洁内存的金手指部分。

③ 清除 CMOS 或重新刷写 BIOS。

④ 重新安装 CPU 或者更换 CPU，以防 CPU 问题导致内存不过。

⑤ 测量内存的工作电压，包括主供电、VCCSPD 供电、基准电压、负载电压。

⑥ 装上 CPU，利用内存打值卡测量内存的数据线、地址线、时钟线等是否阻值正常。

⑦ 测量内存的 SMBUS。

SMBUS（系统管理总线）是桥（AMD B350 是 CPU）连接内存、电源管理芯片、温控芯片、超频芯片等的一条串行总线，负责这些设备与桥之间的数据交换，如读取内存参数，调节电压，检测温度等。SM 总线由两条线路组成，分别为 SMBDATA 和 SMBCLK。

维修时主要测量它们的电压，一般为 3.3V。DDR3 内存在 238 脚、118 脚测量，DDR4 内存在 141 脚、285 脚测量。如果电压不正常，断电打总线对地值，它们的对地阻值多数主板是一致的，但也有不一致的，需要多积累维修经验。

⑧ 加焊 CPU 插座，如不行再更换 CPU 插座。

▷▷▷ **9.2.6　不认显卡故障主板的维修方法**

不认显卡的故障分为不认集成显卡和不认独立显卡。

1．不认集成显卡

① 更换一个确认正常的 CPU。

② 刷 BIOS。

③ 检查 VGA 接口，以及桥的集显数/模转换模块的工作条件。

2．不认独立显卡

① 先确定 PCI-E 插槽和 PCI-E 插槽旁边的外观是否正常。

② 使用打值卡测量 PCI-E 插槽的工作电压、时钟信号、复位信号（有的需要插上显卡才有时钟信号）。

③ 对照 PCI-E 打值卡说明，测量 PCI-E 插槽的数据地址线和控制线，方法如下。

第一次打 A 面数据线的二极体值，值完全一致。若值偏低，更换一个 CPU 试试；若值为无穷大，检查 CPU 与 PCI-E 插槽之线数据是否断线，或者 CPU 座空焊。

第二次打耦合电容靠近 CPU 一端的二极体值。若值偏低，更换一个 CPU 试试；若值为无穷大，检查 CPU 与 PCI-E 插槽之线数据是否断线，或者 CPU 座空焊。

第三次用电容挡测耦合电容的值，应该为 220nF 左右；或者用二极管挡测电容值应为无穷大。

④ 刷 BIOS。

▷▷▷ **9.2.7　死机、蓝屏故障主板的维修方法**

① CMOS 放电。

② 检查 CPU、桥、内存供电的滤波电容是否有问题。

③ 检查内存的 VTT_DDR 是否正常且稳定，或者直接更换这个供电芯片。

④ CPU、桥的散热要做好。

⑤ 进不了系统，重启或者死机。检查外设，如 USB、声卡芯片、显卡、网卡芯片、COM 口等。可以在 CMOS 中依次屏蔽它们来判断，也可直接拆除再试。

⑥ 开机 LOGO 死机一般是键盘或者其他报错导致的"假死机"。如果按一下开关可以关机，就一般为这类问题。但如果关不了机，一般为 BIOS 资料损坏或内存、桥坏。

第 10 章
主板维修案例

10.1 微星 MS-7808 ERP 电路导致不开机维修

1. ERP 定义

ERP，全称 Energy-related Products（能源相关产品），是欧盟用来定义完整系统耗电量的规定。随着目前电子产品的大量使用和普及，以及未来二三十年将持续增加的新的电子产品类型，欧盟决定建立一项有效的政策来解决能源消耗的问题。根据 ERP 的规定，一个完整系统在关机模式下的交流电总消耗必须在 0.5W 以下。

2. ERP 电路特点

依靠 3V 纽扣电池来控制相应的 ERP 开启信号。如果纽扣电池电量耗尽，RTC 电路漏电或短路，则 ERP 电路不工作，不能产生待机 5VSB、3VSB 供电。

3. ERP 的工作方式

ERP 待机供电方式，是利用 I/O 的功能引脚、3V 纽扣电池、LDO 器件以及场效应管等器件对 5VSB、3VSB 进行控制。下面以微星 MS-7808 REV2.0 主板为例讲解 ERP 供电方式。

① 装入 3V 纽扣电池产生高电平的 RTCRST#信号，如图 10-1 所示。

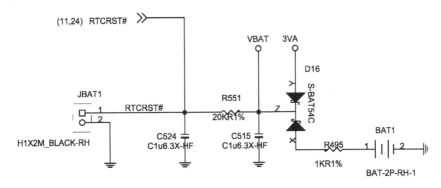

图 10-1 RTCRST#信号产生电路截图

② 插入 24 针的 ATX 插头，产生 ATX_5VSB 供电。高电平的 RTCRST#信号控制 U80 产生 V5A，如图 10-2 所示。

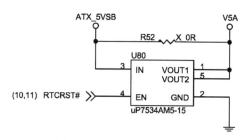

图 10-2　U80 所在电路截图

③ V5A 作为 I/O 的待机供电。当 I/O 其他待机条件也正常后，发出低电平的 SYS5VSB_OFF 信号，如图 10-3 所示。

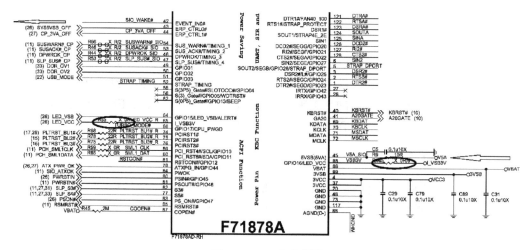

图 10-3　I/O 电路截图

④ 低电平的 SYS5VSB_OFF 信号经过 R254 转换产生低电平的 5VSB_OFF_GATE 信号使 Q24 导通，ATX_5VSB 经过 Q24 转换产生 5VSB 供电，如图 10-4 所示。

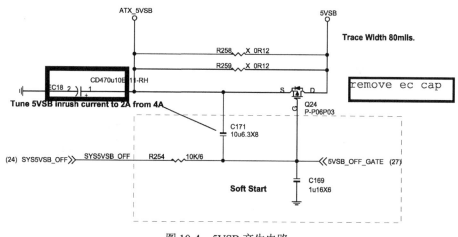

图 10-4　5VSB 产生电路

⑤ 5VSB 经过 R456 给 U47 的 CNTL 引脚供电。低电平的 5VSB_OFF_GATE 信号使 Q53 截止，使 5VSB 通过 R441 上拉 U47 的 EN 引脚为高电平，控制 U47 产生 3VSB 待机供电，如图 10-5 所示。

3VSB

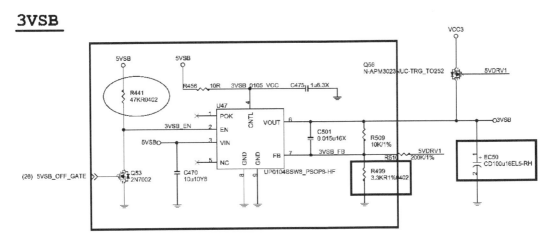

图 10-5　U47 所在电路截图

⑥ 当进入 ERP 模式时，I/O 发出高电平的 SYS5VSB_OFF 信号，关闭 5VSB 和 3VSB 待机供电，只留下 V5A 的 I/O 待机供电，达到节能目的。

4. 维修案例

主板型号：MS-7808 REV2.0。

故障现象：无 5VSB、3VSB 待机供电。

故障原因：R495（见图 10-1）老化、C515 漏电导致 RTCRST#信号无高电平。

维修过程：无待机供电的故障，个人喜欢用逆向追查的方式维修。详细过程如下。

① 测量 U47（见图 10-5）的 VOUT 引脚，发现没有 3VSB 供电。

② 测量 U47 的 EN 和 CNTL 引脚，发现没有开启信号，测量 R441 和 R456 5VSB 端，发现没有产生 5VSB 供电。

③ 追查 5VSB 来源是由 Q24（见图 10-4）这个 P 沟道场效应管转换产生的，要想产生 5VSB 供电，Q24 的 G 极要为低电平，经测量 G 极为高电平，不正常。

④ 追查 Q24 的 G 极控制信号 5VSB_OFF_GATE，此信号源于 I/O。I/O 正常待机状态下，此信号应该为低电平才能产生待机 3VSB/5VSB 供电。追查 I/O 待机供电 5VSB 引脚（外部名称 V5A，见图 10-3），测量其为 0V，不正常。

⑤ 追查 5VSB 引脚供电来源，是由 ATX_5VSB 经过 U80（见图 10-2）转换得到的，U80 若要工作，需要 U80 的 EN 脚为高电平。经过测量 EN 脚为 0V，不正常。

⑥ 继续追查 U80 的开启信号 RTCRST#。待机状态下 RTCRST#是经过 3V 纽扣电池、R495、D16 和 R551 产生的（见图 10-1），经过测量 RTCRST#为 0.3V 左右，不正常。测量 R495 两端电压，一端为 3V，另一端为 0.3V，不正常。测量 R495 阻值，已经明显大于 1kΩ 的标称值，更换 R495 后 D16 的 Z 端电压为 1.6V，依然不正常。测量 D16 双二极管未发现

异常，当测量到 C515 时，发现电容漏电，更换后 RTCRST#信号为 3V，已经正常。当再次测量 3VSB 供电时，已经产生 3.3V 的待机供电。至此维修结束。

（本案例由迅维学员王文字提供）

10.2 华硕 B75M-A 主板触发掉电和无复位维修

主板型号：华硕 B75M-A

故障现象：点开关针后，主板能上电，风扇能转，然后立即掉电。

维修过程：① 插诊断卡，代码显示跑 00，复位灯不亮，如图 10-6 所示。

② 测一遍全板供电，测量结果如下。

测量 CPU 供电电压，为 1.1V，正常，如图 10-7 所示。

图 10-6　故障主板开机图

图 10-7　测量 CPU 供电电压

测量内存供电电压，为 1.5V，正常，如图 10-8 所示。

测量桥供电电压，为 1.05V，正常，如图 10-9 所示。

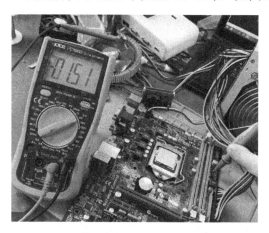

图 10-8　测量内存供电电压

图 10-9　测量桥供电电压

测量 VCCPLL 供电电压，为 1.8V，正常，如图 10-10 所示。

测量 VCCSA 供电电压，为 1V，正常，如图 10-11 所示。

图 10-10　测量 VCCPLL 供电电压

图 10-11　测量 VCCSA 供电电压

③ 供电部分全部正常，接下来检修信号部分，测量结果如下。

测量 PCH 的 25MHz 晶振，正常起振，如图 10-12 所示。

测量 BIOS 芯片的片选端，发现无信号，如图 10-13 所示。

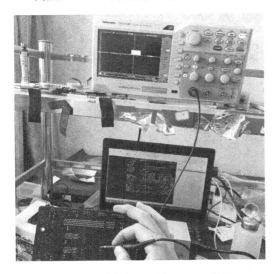

图 10-12　测量 PCH 的 25MHz 晶振

图 10-13　测量 BIOS 芯片的片选端

④ 判断主板故障是桥没有读 BIOS。按照 Intel 7 系列芯片组平台时序，PCH 要得到有效的 APWROK 与 PWROK 信号后才会读取 BIOS。

平常 H 系列的主板，这两个信号都是连在一起的，一般由 I/O 芯片发出。而 B 系列的主板是支持 AMT 供电，一般不会把 APWROK 和 PWROK 连一起。经查图纸资料，确认这两个信号是分开的，PWROK 测量点如图 10-14 所示，APWROK 在电路中名称为 S_MEPWROK，测量点如图 10-15 所示。

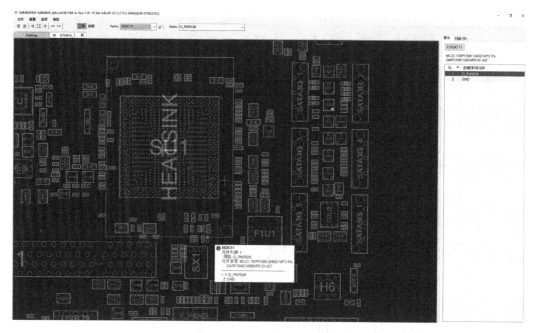

图 10-14　PWROK 测量点

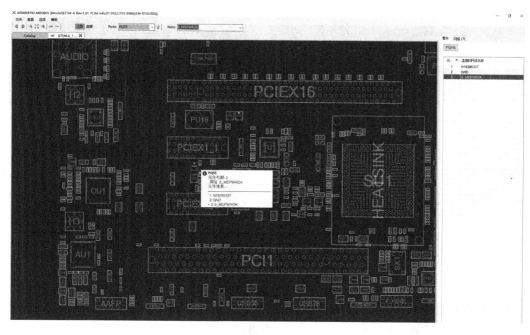

图 10-15　APWROK 测量点

先测量 I/O 芯片发出来的 PWROK 信号有 3.3V 高电压，如图 10-16 所示。
再测量桥的 S_MEPWROK，测得无电压，如图 10-17 所示。

图 10-16 测量 PWROK

图 10-17 测量 S_MEPWROK

S_MEPWROK 是由 ME 供电管理芯片控制输出。测量到 ME 供电芯片没有输出 1.05V 的 ME 模块电压，如图 10-18 所示。

图 10-18 测量 ME 模块供电

⑤ 既然是芯片不输出电压，首先测量芯片的供电，发现是正常的；再测量供电芯片的开启信号，发现开启信号的电压严重偏低，还不足 1V，而点位图上显示这个开启信号是由 5V 电压上拉的，如图 10-19 所示。

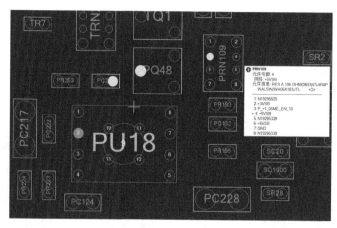

图 10-19　ME 供电的开启信号点位图

该开启信号被一个本体标识为 103（10kΩ）的排阻上拉。并且，这个排阻从外观也能看出来明显异常，被腐蚀了，如图 10-20 所示。

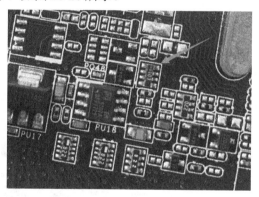

图 10-20　故障位置实物图

⑥ 更换腐蚀的 103 排阻后，1.05V 的 ME 供电正常输出，如图 10-21 所示。

⑦ 再次插上诊断卡，触发开机，已经正常跑码，如图 10-22 所示。

图 10-21　测量 ME 模块供电

图 10-22　正常跑码

（本案例由迅维网会员"本人新手"提供）

10.3　华硕 B85-PRO GAMER 不触发维修

主板型号：华硕 B85-PRO GAMER。

故障现象：不触发。

维修过程：① 不触发的故障，首先测量待机电压 3VSB，测量点在 PCI-E 插槽 B10 脚，如图 10-23 所示。

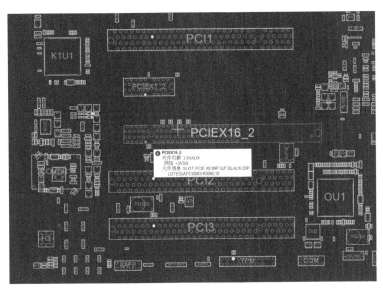

图 10-23　3VSB 测量点

② 测量到 3VSB 电压为 0V，首先考虑是否短路。继续测量其对地阻值有 300 多，说明不是短路导致没电压，也说明桥应该是好的。

③ 通过点位图追查这个 3VSB 的产生来源，找到了 PQ301，如图 10-24 所示。

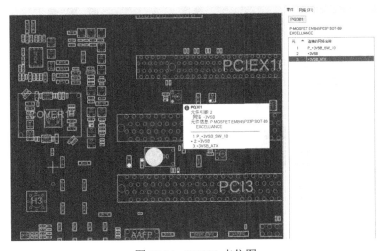

图 10-24　PQ301 点位图

PQ301 实物如图 10-25 所示。PQ301 是一个 P 沟道 MOS 管，测量它的输入电压 +3VSB_ATX，有 3.3V 电压，测量控制电压为 0V，按照 P 沟道的场效应管原理，控制极电压为低电平，它应该导通，而这片故障板并没有导通，果断更换 PQ301。

图 10-25　PQ301 实物图

④ 更换 PQ301 后，再测量 PCI-E 插槽 B10 脚的电压，电压正常了。但是短接开关针，还是不触发。接下来按照不通电的思路继续修。

⑤ 直接测量 ATX 接口的 PSON#阻值，值是无穷大，看来有断路。仔细看了一下主板，发现主板背面左上角的地方被划断线了，应该是客户拆机的时候被螺丝孔打断。于是把线接回去，根据个人习惯，贴了一张保修签，如图 10-26 所示。

⑥ 再次触发通电，终于跑码了，故障排除，维修到此结束。

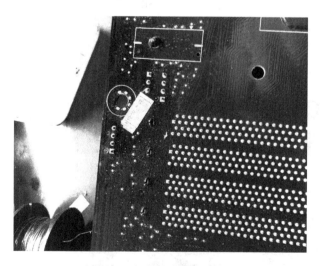

图 10-26　断线修复实物图

（本案例由迅维网会员"主要是气质"提供）

10.4　华硕 B85-PRO GAMER 主板触发断电维修

主板版号：B85-PRO GAMER。

故障现象：触发断电。

维修过程：能触发但断电，可以继续触发的故障，一般都是缺少供电导致。

① 直接测量 1.05V 电压，发现电压为 0V。此 1.05V 电压的测量点如图 10-27 所示。

图 10-27　1.05V 电压测量点实物图

② 经查点位图，1.05V 供电是 ME 模块供电，主控芯片 PU3002 型号为 RT8065ZQW，如图 10-28 所示。

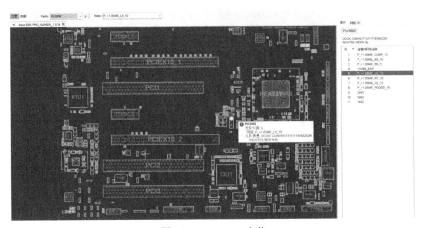

图 10-28　1.05V 点位

③ 测量 PU3002 的 4 脚有 5V 供电，3 脚开启信号是高电平，于是直接更换芯片。

④ 更换完成后，再次测量 1.05V 电压正常了。

⑤ 通电，指示灯一路小跑到内存，故障排除，维修到此结束。

（本案例由迅维网会员"主要是气质"提供）

10.5　华硕 H110M-K REV1.03 主板维修

主板型号：华硕 H110M-K REV1.03。

故障现象：点不亮。

维修过程：点不亮的机器，先测量全板供电。

① 首先测内存供电，为 1.2V，是正常的，如图 10-29 所示。

② 测量 VPPDDR 供电，为 2.5V，是正常的，如图 10-30 所示。

图 10-29　测量内存供电　　　　　图 10-30　测量 VPPDDR 供电

③ 测量 VCCSA 供电，为 0.8V，是正常的，如图 10-31 所示。

图 10-31　测量 VCCSA 供电

④ 测量 CPU 供电，为 0V，不正常，如图 10-32 所示。

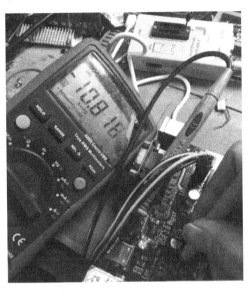

图 10-32　测量 CPU 供电

⑤ 没有 CPU 供电，肯定是追查 CPU 供电芯片的工作条件了。首先测量 CPU 供电芯片 ASP1401B 自身的供电，如图 10-33 所示，第 7 脚是 P_VCORE_VCC5_20，正常电压应该是 5V，测量与 7 脚相连的电容一端电压只有 3.3V。

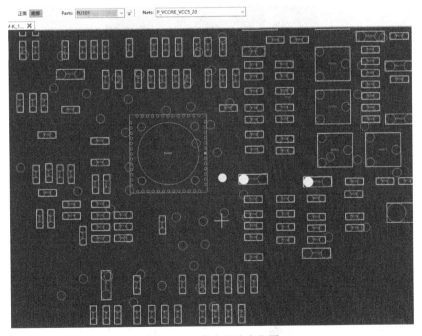

图 10-33　供电芯片点位图

如图 10-34 所示，根据点位图可以看到，P_VCORE_VCC5_20 电压是由+5V 经过旁边的熔断电阻 PR102 过来的，电阻阻值为 2.2Ω。

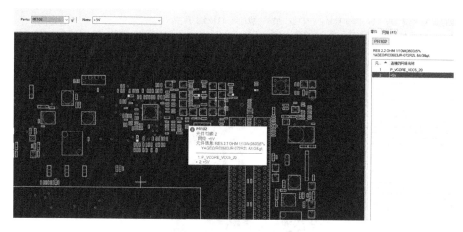

图 10-34　PR102 点位图

测量电阻的另一端电压为 5V，如图 10-35 所示。

图 10-35　测量+5V 电压

⑥ 熔断电阻坏了，没有短路的情况下，可以直接用焊锡把电阻连起来，如图 10-36 所示。

图 10-36　焊锡直连 PR102

⑦ 通电再测量 CPU 供电，电压已经有 0.8V 了，如图 10-37 所示。

⑧ 装机后正常亮机，维修结束。

图 10-37　测量 CPU 供电

（本案例由迅维网会员"奈何桥上的拥抱"提供）

10.6　七彩虹 B150M-K 全固态版不触发通病维修

主板板号：七彩虹 B150M-K v20 全固态版。

故障现象：有待机电压但是不能触发。

维修过程：有待机电压但是不能触发，主要就是查找待机和触发电路中的信号部分。此板 I/O 芯片的型号为 IT8613E，其待机和触发脚位如图 10-38 所示。

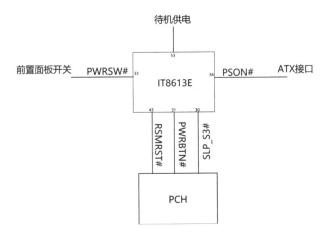

图 10-38　IT8613E 待机和触发脚位图

① 通病是 I/O 芯片的 43 脚 RSMRST#无电压，跑线路发现连接着一个电阻，如图 10-39 所示。

图 10-39　RSMRST#相连的电阻实物图

② 故障板 I/O 芯片的 43 脚电压为 0V，而这个电阻一端电压有 3.3V，把 I/O 芯片的 43 脚跳起来，能在焊盘上测得 3.3V，但是更换 I/O 芯片后，还是没有 RSMRST#。

③ 将此电阻更换一个为 100Ω 的电阻即可，主板可以正常触发使用。由于没有电路图，无法详细分析导致此问题的原因，本着以解决问题为目的，解决了问题即可。

10.7　微星 H170M PRO-VDH 主板不过内存维修

主板型号：微星 H170M PRO-VDH。

主板板号：MS-7982 1.1。

故障现象：主板自检不过内存，挡代码"E0"。

维修过程：① 故障主板触发通电后，诊断卡显示为"E0"代码，如图 10-40 所示。此故障为不过内存。

② 不过内存的故障，测量内存的供电 VPP25、VCC_DDR、VTT_DDR 电压都正常。

③ 刷新 BIOS 后故障依旧。

图 10-40　故障现象实物图

④ 用示波器测量内存系统管理总线 SMB_CLK_DIMM、SMB_DATA_DIMM 的波形，发现只有 285 脚的 SMBDATA_DDR 有下拉的波形，而 141 脚的 SMBCLK_DDR 没有波形。根据电路图，追查 SMBCLK 的产生电路如图 10-41 所示。

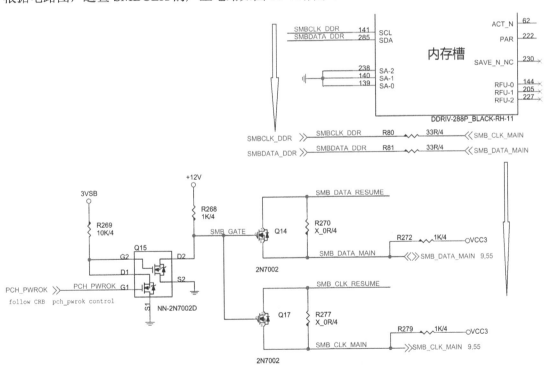

图 10-41　内存系统管理总线电路截图

⑤ 内存系统管理总线，分别通过 Q14 和 Q17 与 PCH 的系统管理总线相连。通过点位图找到 Q14 的位置，测量到它的 D 极是有下拉动作的，G 极也是高电平，但是 S 极没有下拉动作，Q14 的点位如图 10-42 所示。

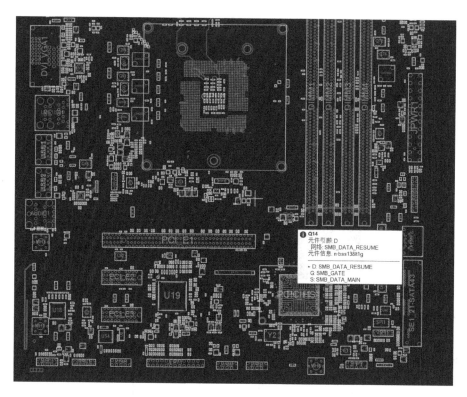

图 10-42　Q14 点位图

⑥ Q14 旁边的就是 Q17 了，如图 10-43 所示，在实物中找到它们。直接把两个转换管一起换掉。

图 10-43　Q14、Q17 实物图

⑦ 再次开机上电，诊断卡代码跑了起来，故障修复。

（本案例由迅维网会员 1210351965 提供）

10.8 微星 H170M PRO-VDH 主板无显示维修

主板型号：微星 H170M PRO-VDH。

主板板号：MS-7982 1.1。

故障现象：无显示。

维修过程：① 无显示的主板，先测供电和复位等基本条件，全部都正常。

② 装上 CPU 和内存，插上诊断卡，也能正常跑码。

③ 如图 10-44 所示，诊断卡代码卡在"63"不动了，等了一分钟还是不动。

图 10-44 挡"63"代码故障图

④ 挡代码故障，本着先软后硬的原则，先刷 BIOS，故障依旧。

⑤ 静下来分析，挡"63"代码，说明已经自检过了内存，按经验判断，这个时候应该已经自检到集成显卡了。于是，插上独立显卡测试，果然能显示。看来确实是集成显卡的问题。

⑥ 测量集成显卡的供电，发现没有电压。打开电路图，找到集成显卡供电的驱动芯片 RT9624F，如图 10-45 所示。

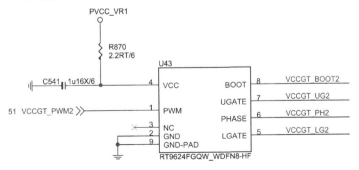

图 10-45 RT9624F 电路截图

⑦ 测量芯片的输入信号 1 脚，从开机触发到挡"63"代码，没有任何波形，说明不是此驱动芯片和它控制的上下管有问题，而是主控芯片的集显模块未工作。

⑧ 追查电路图，找到主控芯片是 RT3606BC。由于手中没有 RT3606BC 可供替换，只能对照电路图先测量一下芯片的工作条件。测量发现 43 脚集显供电频率设定脚 TONSETA 的电压居然高达 12V。如图 10-46 所示，此脚虽然是 12V 通过几个电阻过来，但不应该有 12V 这么高，毕竟隔着一个 392kΩ 的电阻 R811 呢。

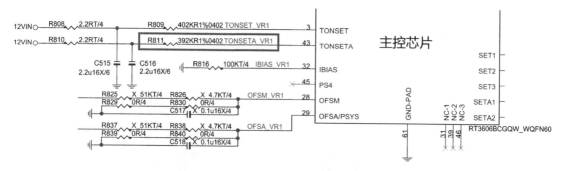

图 10-46　R811 所在电路截图

⑨ 如图 10-47 所示，直接用风枪镊子配合，把电阻挪一下，只让其一只脚焊接在焊盘上，这样既方便测量，电阻也不会飞掉。

⑩ 测量 R811 的阻值，只有 0.11kΩ，如图 10-48 所示。

图 10-47　R811 实物位置图

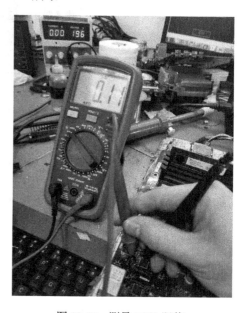

图 10-48　测量 R811 阻值

⑪ 锁定问题点就是这个 R811 阻值变低了。由于缺少相同的料板，实在找不到 392kΩ 的电阻，只能在其他料板中找到一个 390kΩ 电阻替代了。

⑫ 再次触发开机，代码跑过了 63，屏幕直接显示了，故障修复。

（本案例由迅维网会员 1210351965 提供）

10.9　华硕 PRIME B250-PLUS 主板不开机维修

主板型号：PRIME B250-PLUS。

故障现象：触发开机后 1s 左右掉电，可以再次触发。

维修过程：① 对于触发掉电，可以继续触发的故障，首先考虑是否缺少供电。当拔掉 CPU 供电的小 12V 插头后，不掉电了，初步判断是 CPU 缺少相关信号导致保护掉电。

② 经过一轮检测，发现 VCCST 供电没有产生，如图 10-49 所示。

③ 经过分析主板的布线，找到 VCCST 供电由 PQ3004 和 PQ3005 控制，它们的位置如图 10-50 所示。

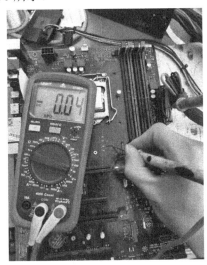

图 10-49　故障主板实测图

图 10-50　PQ3004 实物位置图

④ 缺少原厂图纸资料，只能手绘一张 PQ3004 和 PQ3005 控制产生 VCCST 的电路简图，如图 10-51 所示。

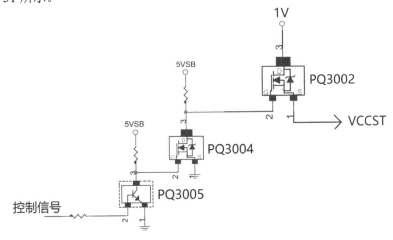

图 10-51　VCCST 产生电路简图

⑤ 实测 PQ3005 的控制信号已经为高电平，PQ3004 的 G 极也已经被拉为低电平。但是 PQ3004 的 D 极也就是 PQ3002 的 G 极，也是 0V。测量 PQ3002 的 G 极上拉电阻阻值没有问题，判断是 PQ3004 损坏。PQ3004 得到 G 极低电平，应该处于截止状态，现在它导通了。

⑥ 更换一个 PQ3004 后，插上 CPU 的小 12V 电源头，再次通电发现不掉电了，测量 VCCST 电压正常了。

⑦ 装上内存，接上显示器，正常显示（见图 10-52），故障排除，维修到此结束。

图 10-52   主板正常显示

（本案例由迅维网会员 1210351965 提供）

10.10   华硕 PRIME Z270-A 开机报警维修

主板版号：华硕 PRIME Z270-A REV1.02。

故障现象：开机报警。

维修过程：同行拿来的一台主机，说开机不显示并且有报警声。

① 迅速拆机，看到主板型号是华硕 PRIME Z270-A。把主板摆到维修台上，拔下内存，装个小喇叭，触发开机，能听到几声"滴—滴—滴"的报警。装上内存后，还是报警，看来是内存的 SPD 电路有问题了。

② 简单测量了一下内存的主供电 1.2V 正常、VPP 供电 2.5V 正常。如图 10-53 所示，对照迅维老师发布的 DDR4 内存电压测量点，测量到 VTT 电压为 0.6V，正常，SPD 电压为 3.3V，正常，SMBDATA 和 SMBCLK 也有 3.3V。对 SMBCLK 和 SMBDATA 打值，也都正常。

图 10-53　DDR4 内存重要信号测量点

③ 简单地排除了基本条件，居然都是正常的，但是报警明明就是检测不到内存，读取不到 SPD 信息导致的。那么最大的可能性就是桥到内存之间的 SMBUS 信号转换电路导致的。根据经验，以前修华硕不过内存的故障主板时，经常要测量桥旁边的 SMBUS_VSB 是否正常，这个 SMBUS_VSB 一般是 SMBUS_DDR 通过两个小管转换，由一个排阻上拉而来。简单跑了一下线路，拆出桥上的散热盖，果然看到一个本体标识为“102”的排阻，并连接到两个管，如图 10-54 所示。

④ 万用表打值测量，发现果然有问题，有一个地方变得无穷大了，如图 10-55 所示，飞一根线。

图 10-54　SMBUS_DDR 实物位置图

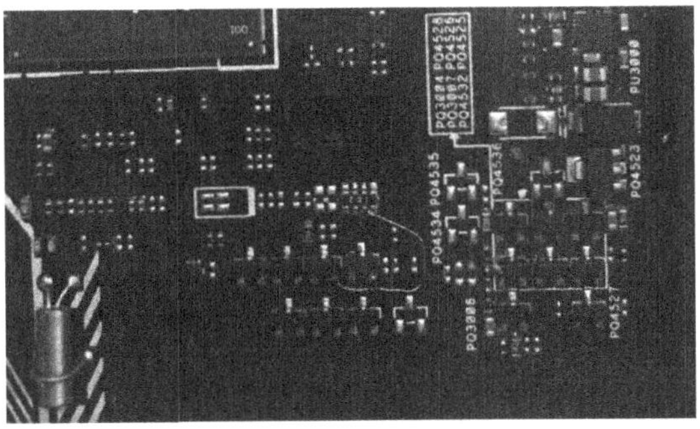

图 10-55　飞线实物图

⑤ 再次开机上电，主板不再报警，终于正常自检显示了，故障修复。

（本案例由迅维网会员“永不放弃 LYH”提供）

10.11　华硕 PRIMEB365M-A 主板不开机维修

主板型号：PRIMEB365M-A。

故障现象：不开机。

维修过程：这块主板还在保修期，因为客户是网购而来，嫌保修麻烦就直接送过来维修了。① 插电检测，发现主板不能触发。

② 修到这种新型号的不通电主板，我个人经验是一般先打阻值，因为新板的故障很多是桥短路。

③ 打完桥的阻值发现无异常，给 CMOS 放电还是不触发，只能挨个测量待机条件了。RTC 电路正常，3VSB 待机电压正常如图 10-56 所示，有 3.3V。

④ 我们知道，新型号主板，有第二个待机电压也会导致不触发故障，那就是 1V 待机电压。测量桥的 1V 待机，果然无电压，如图 10-57 所示。

图 10-56　测量 3VSB 电压

图 10-57　测量 1V 待机电压

⑤ 此供电的控制芯片是 AJPF，经查询相关资料，得到它的真实型号为 NB671L，找到 NB671L 的引脚定义，如图 10-58 所示。

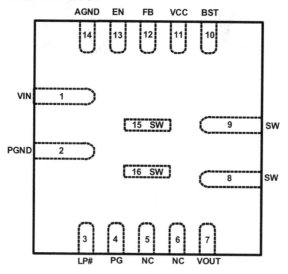
图 10-58　NB671L 引脚定义

NB671L 的应用电路如图 10-59 所示。

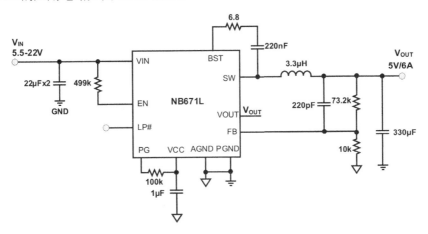

图 10-59　NB671L 的应用电路

⑥ 测量到 1 脚没有电压，打值也不短路，看来是 ATX 的 5VSB 转换到这个芯片的 5V 供电电路出问题了。根据华硕维修经验，并参考 B150 系列的点位图，找到 5VSB 转换管，是一个 P 沟道管，测量发现 G 极电压有 5V，如图 10-60 所示。

图 10-60　测量 5VSB 转换管

⑦ 转换管 G 极电压有 5V，它当然不导通了。如图 10-61 所示，找到 G 极相连的三极管直接拆掉，强行让 G 极变为低电平，使 5VSB 能强行导通过去。维修嘛，本来就是解决问题就行。

⑧ 拆掉三极管之后，再次测量 1V 待机电压已经正常了，如图 10-62 所示。

图 10-61　拆掉三极管

图 10-62　测量 1V 待机电压正常

⑨ 再次插电，开机触发，正常跑码点亮显示器了，主板修复。

（本案例由迅维网会员"1210351965"提供）